U0207626

趣味科学丛书

QUWEI TIANWENXUE

趣味天文学

［俄］别莱利曼⊙著

余　杰⊙编译

天津出版传媒集团

天津人民出版社

图书在版编目（CIP）数据

趣味天文学 /(俄罗斯) 别莱利曼著；余杰编译
. -- 天津：天津人民出版社，2017.8
　（趣味科学丛书）
　ISBN 978-7-201-12061-4

　Ⅰ.①趣… Ⅱ.①别… ②余… Ⅲ.①天文学—普及
读物 Ⅳ.①P1-49

中国版本图书馆CIP数据核字(2017)第156240号

趣味天文学
QUWEI TIANWENXUE

出　　版　天津人民出版社
出 版 人　黄　沛
地　　址　天津市和平区西康路35号康岳大厦
邮政编码　300051
邮购电话　（022）23332469
网　　址　http://www.tjrmcbs.com
电子邮箱　tjrmcbs@126.com

责任编辑　李　荣
装帧设计　同人内文化传媒

制版印刷　大厂回族自治县正兴印务有限公司
经　　销　新华书店
开　　本　787×1092毫米　1/16
印　　张　10.75
字　　数　159千字
版次印次　2017年8月第1版　2017年8月第1次印刷
定　　价　22.00元

序　言

雅科夫·伊西达洛维奇·别莱利曼

雅科夫·伊西达洛维奇·别莱利曼（1882—1942），出生于俄国的格罗德省别洛斯托克市。他出生的第二年父亲就去世了，但在小学当教师的母亲给了他良好的教育。别莱利曼17岁就开始在报刊上发表作品，1909年大学毕业后，便全身心地从事教学与科普作品的创作。

1913年，别莱利曼完成了《趣味物理学》的写作，这为他后来完成一系列趣味科学读物奠定了基础。1919—1929年，别莱利曼创办了苏联第一份科普杂志《在大自然的实验室里》，并亲自担任主编。在这里，与他合作的有多位世界著名科学家，如被誉为"现代宇航学奠基人"的齐奥尔科夫斯基、"地质化学创始人"之一的费斯曼，还有知名学者皮奥特洛夫斯基、雷宁等人。

1925—1932年，别莱利曼担任时代出版社理事，组织出版了大量趣味科普图书。1935年，他创办和主持了列宁格勒（现为俄罗斯的圣彼得堡）趣味科学之家博物馆，广泛开展各项青少年科学活动。在第二次世界大战反法西斯战争时期，别莱利曼还为苏联军人举办了各种军事科普讲座，这成为他几十年科普生涯的最后奉献。

别莱利曼一生出版的作品有100多部，读者众多，广受欢迎。自从他出版第一本《趣味物理学》以后，这位趣味科学大师的名字和作品就开始广为流传。他的《趣味物理学》《趣味几何学》《趣味代数学》《趣味力学》《趣味天文学》等均堪称世界经典科普名著。他的作品被公认为生动有趣、广受欢迎、适合青少年阅读的科普读物。据统计，1918—1973年间，这些作品仅在苏联就出版了449次，总印数高达1 300万册，还被翻译成数十种语言，在世界各地出版发行。凡是读过别莱利曼趣味科学读物的人，总是为其作品的生动有趣而着迷和倾倒。

别莱利曼创作的科普作品，行文和叙述令读者觉得趣味盎然，但字里行间却立论缜密，那些让孩子们平时在课堂上头疼的问题，到了他的笔下，立刻一改呆板的面目，变得妙趣横生。在他轻松幽默的文笔引导下，读者逐渐领会了深刻的科学奥秘，并激发出丰富的想象力，在实践中把科学知识和生活中所遇到的各种现象结合起来。

别莱利曼娴熟地掌握了文学语言和科学语言，通过他的妙笔，那些难解的问题或原理变得简洁生动而又十分准确，娓娓道来之际，读者会忘了自己是在读书，而更像是在聆听奇异有趣的故事。别莱利曼作为一位卓越的科普作家，总是能通过有趣的叙述，启迪读者在科学的道路上进行严肃的思考和探索。

苏联著名科学家、火箭技术先驱之一格鲁什柯对别莱利曼有着十分中肯的评论，他说，别莱利曼是"数学的歌手、物理学的乐师、天文学的诗人、宇航学的司仪"。

目　　录

第一章　地球和地球运动

第二章　月球和月球运动

第三章　行　　星

第四章　恒　　星

第五章　万有引力

第一章

地球和地球运动

1. 最短的航线

一位女教师在黑板上画了两个点并且对她的一个学生说："请画出这两个点之间的最短路线。"

她的学生想了一下，之后在两点之间画了一条弯曲的线。

"这个不对吧？谁告诉你这是最短路线了？"女教师似乎有些无奈。

"我爸爸啊，他是开出租的。"

学生的回答看似好笑，然而，图1中虚线距离的确要比实线短，从好望角到澳大利亚南部，虚线确实是最短距离。并且，在图2中，从日本横滨到巴拿马运河的距离同样是弧形线路程最短，比图中直线还短。

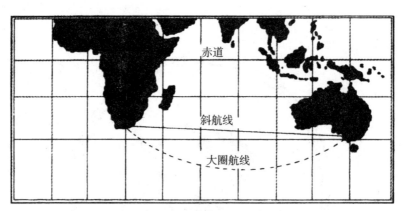

图1　在航海图上，从好望角到澳大利亚南部的最短航线不是直线（斜航线），
而是曲线（大圈航线）

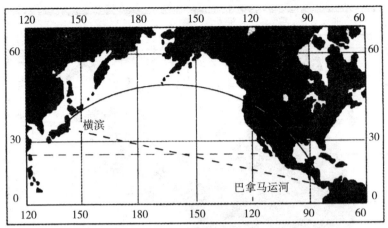

图2 在航海图上连接日本横滨和巴拿马运河的曲线航线，
比这两点之间的直线航线短

　　看起来这些都很荒谬，然而地图的制作者比我们都清楚，这其中的正确性是毋庸置疑的。

　　想要弄明白这其中道理，我们就来分析一下地图以及航海图。当然，由于地球是圆的，想要把球面画在平面上并不容易，任何部分都会不可避免地破裂或者重叠，这导致了地图会有无法规避的误差。尽管人们为了画出精确的地图想出了很多办法，然而依然无法使地图达到完美，因为球面和平面的原因，地图是根本不可能十全十美的。

　　16世纪，荷兰地理学家及数学家墨卡托发明了一种"墨卡托投影法"，航海家使用的地图都是用这种方法绘制的。这种地图称为"墨卡托地图"，它带有方格，简单易懂，经线为平行直线，纬线为垂直经线的平行直线（如图3）。但用这种方法绘制的地图也有缺陷，那就是高纬度地方的轮廓经投影成图后扩大得较厉害，与实际面积会产生一定的差距。

　　现在来考虑一下如何计算同纬度下两点航线间距。由于是海洋航线，所以路线中没有障碍，只需要知道最短航线即可航行。于是，我们很容易想到，两个点之间最短航线应该是两点之间的纬线，因为纬线在地图上是直线。然而，真正最短的航线并非纬线，还有比这条直线更短的航线。

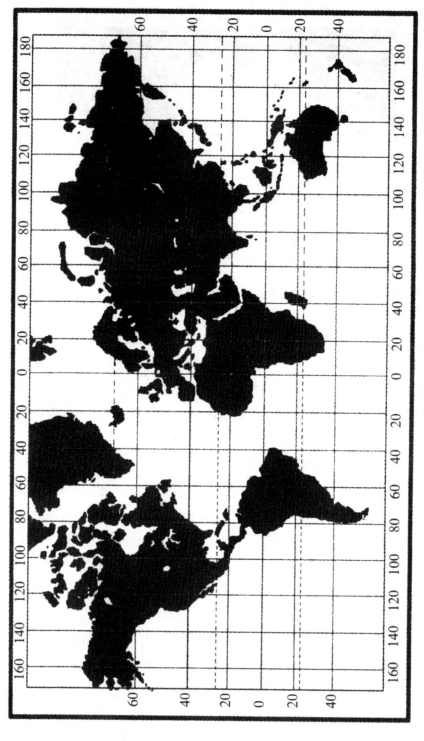

图 3 全球航海图（或称墨卡托地图）

真正最短的航线是穿过两点的大圆弧线[1]，纬线圈只不过是"小圆"而已。由于圆半径越大两定点间弧线曲率越小，这两点间的大圆弧线曲率定然小于小圆弧线，于是大圆弧线才是答案。

现在如果我们像图4那样在地球仪上拉紧一条通过两点的线，那么这条线就代表着最短航线。但是，这两点之间的"最短航线"如果不与纬线重合，那么航海图上的这条线就不是直线了，只能是曲线。这样，航海图上表示"最短距离"的是曲线这一点就可以理解了。

图4　用一种简单的方法就可以找出两点之间的最短距离：
将地球仪上的这两点之间拉紧一条线

据说在修建十月铁路（也就是过去所说的尼古拉铁路，从圣彼得堡通往莫斯科）的时候就曾经因为路线的问题而引起争论。这个争论的末尾是由于尼古拉一世的干涉，他最终决定在地图上将两座城连起来，然后修建铁路。不过如果在墨卡托地图上，这条铁路就并非直线了，而是一条

---

[1]　球面上圆心和球心重合的圆叫作"大圆"，其他圆则为"小圆"。——译者注

曲线。

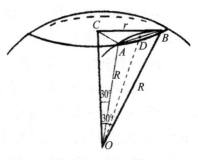

其实只要计算一下就能证明地图
上的航线比直线要短，并且这种计算并
不复杂。现在设有两个和圣彼得堡纬度
都为60°的码头，并且两个港口分别到
地心连线的夹角为60°（当然，现实中
到底有没有符合条件的两个码头并不重

图5 地球上 A、B 两点间纬圈弧线
和大圈弧线的比较

要）。于是我们参照图5，设：地心O，地球半径R，两个港口A、B，纬线
圈中心C。现在以O为圆心过AB作弧，此时AO=BO=R，弧AB和经过AB的
纬线靠近但不重合。

由于A、B纬度为60°，于是OA与OC，OB与OC之间都呈30°。根据
直角三角形OCA的一些几何原理，我们可以得知 $AC = \dfrac{AO}{2}$。此时设AC=r，

于是便有 $r = \dfrac{R}{2}$，弧线AB也为整个位线长度的 $\dfrac{1}{6}$。由于 $AC = \dfrac{AO}{2}$，可知纬线圈

半径是大圆半径的 $\dfrac{1}{2}$，于是整个纬线圈长度是大圆周长的 $\dfrac{1}{2}$。我们知道地

球周长约40 000 km，则可得知纬线圈AB段的弧长为 $\dfrac{1}{6} \times \dfrac{40\,000}{2} = 3\,333\,\text{km}$。

由于AC=CB且∠CAB=60°，可知△ACB为等边三角形，根据这一点
得出： $AB = r = \dfrac{R}{2}$。

找到直线AB的中记作D，并作线段OD，则△ODA为直角三角形，
则：

$DA = \dfrac{BA}{2}$。由于OA=R，

$\sin \angle AOD = \dfrac{DA}{OA} = \dfrac{\frac{R}{4}}{R} = \dfrac{1}{4}$。根据三角函数表可知：

∠AOD=14° 28′ 30″

∠AOB=28° 57′

现在已知大圆上1′的弧长为1海里，1海里≈1.85 km，于是可知
28° 57′ ≈3 213 km。

比较上边两个数据3 333 km以及3 213 km，可知航海图上两点直线为3 333 km，而航海图上表示大圆圆弧的曲线弧长3 213 km，后者比前者短120 km。

这种结论正确与否只需要图4中的办法检验一下即可得知。并且回到图1，从好望角到澳大利亚南部的直线距离为6 020海里，而之间的曲线距离却仅有5 450海里，比直线距离短了570海里。航海图上伦敦到上海之间的直线距离经过里海，然而地图上两城市间正确的最短航线却需要经过圣彼得堡之后还要往北。看似很难理解，但是这些方面的研究非常便于节省燃料以及时间。

可能由于在帆船时代，时间还没有被看作如金钱一般重要，所以那时候的人们不太去关注是否会耗费多一些的时间。然而现今社会轮船盛行，航线长就得多烧煤，多烧煤就要多花钱，于是不仅仅为了节约时间，同时也为了节约燃料，现在的轮船肯定是要按照最短航线航行的。然而，现在使用的地图中大圆弧线都是直线，名叫"心射投影"，墨卡托地图已经不再使用了。

那么既然如此，为何之前的航海者还去使用那些明显不正确的地图，走着不正确的路线呢？难道他们并不知道航海图的特点吗？非也。虽说墨卡托地图有很大缺陷，然而对航海者来说还是非常有用的。在低纬度地区，一小块区域内歪曲程度根本无法察觉或者说根本没有歪曲，但高纬度地区就不行了，高纬度地区在墨卡托地图上被歪曲很厉害，地面轮廓要比实际大得多，如果一个不明白其中道理的人来看这种地图，会觉得格陵兰岛和非洲大陆大小相仿，并且会觉得阿拉斯加比澳大利亚还要大。然而，事实上格陵兰岛比非洲小得多，仅为后者的 $\frac{1}{15}$ 左右，而阿拉斯加也不过澳大利亚的一半而已。

当然，航海老手们并不会被这种地图迷惑，他们清楚地知道其中的道理并且容忍这些扭曲。不仅如此，在小范围的地方，扭曲也并不厉害，和实际情况还是比较相似的。

因此，墨卡托地图还是有利于解决实际的航海问题的，是唯一利用直线指示船只定向航行的地图。"定向航行"意为船只的航线和经线夹角保持定值，使船只保持"方向角"不变。这种名为"斜航线[1]"的路径只有在经线平行的地图上才会显示直线。

当然，由于在这种地图上，经线都是平行，那么纬线自然也是平行，并且垂直于经线。经纬垂直方格密布，这也是航海图的特点。

经过上面的描述，我们终于能够明白为何航海者们会喜欢这样的地图：他们在航行前只需将自己所在位置和目标点连线，然后测量连线和经线的夹角，之后在航行中就可以保持这个方向一直前进了。虽说这种"斜航线"并非最经济省时的线路，但是使用非常方便。

现在假设要从好望角到达澳大利亚南部，按照"斜航线"需要沿着南87° 30′ 前进。但是如果要走最短的航线，刚开始需要向南42° 30′ ，但是到达时却是向北53° 30′ ，这样意味着在航行中需要不断改变方向，并且会不可避免地撞到南极的冰层。

值得一提的是，当且仅当船只在赤道或者经线上航行时这两种航线重合，其他情况则必然不重合。

2. 经纬

1° 的经度是不是总比1° 纬度要短呢？我相信，就算是对经纬线认识很充分，也有可能答不对这个问题。大部分人都知道，经线圈是不小于纬线圈的，毕竟经度的计算依据正是纬线圈的长度，于是得出了一个"结论"：1° 经度的长度大于1° 纬度的长度。然而，地球并非标准圆球，南北要扁一些，赤道要突出一些。于是，赤道比经线圈要长一些。

---

[1] 斜航线实际是螺旋线，缠绕在地球上。

3. 阿蒙森[1]的正确飞行方向

阿蒙森在从北极返回的时候方向如何？他从南极返回的时候方向又如何？

当然，在思考这两个问题的时候不可翻这位旅行家的日记。

其实，北极是地球的最北端，所以从北极返回时只能往南飞。这里有他在乘坐飞艇向着北极进发时的日记摘录：

"我们先是乘坐着'挪威'号在北极绕了一圈，之后继续前进……那时候开始我们就一直向南了，最后飞到罗马。"

当然，他从南极返回时，只能向北飞。

曾经，普鲁特果夫写过一篇关于一位土耳其人进入"最东边之国"的故事。

"这里前边是东方，左右是东方，那么哪边是西呢？你们可能会想，他肯定能够找到一个点，看见隐约的那个地方……而那个地方就是西……然而并不是这样，他后边也是东方。总而言之，所有的方向都是东方。"

地球上并没有四面八方全是东的国家，然而地球上却有四面八方全是南或者四面八方全是北的地方。假如在北极点修建房子，那么这栋房子四面都朝南。

4. 计时方法

我们应该已经熟悉了身边各种各样的钟表，但是它所指的时间到底有什么意义呢？我个人认为，只有很少一部分人能够解释"现在是晚上

---

[1] 罗阿尔德·阿蒙森（Roald Amundsen，1872—1928），挪威人，极地探险家。他曾在 1926 年 5 月 11 日乘坐"挪威"号飞艇与埃尔斯沃思一同从孔格斯湾飞越北极，并于 72 小时后到达阿拉斯加巴罗角。这是第一次对北极的观测考察。——译者注

19点"到底什么意思。难道就是说指针指向"7"？那么"7"究竟有何意义？它代表着从中午之后已经过去了一天的 $\frac{7}{24}$。然而，这个中午又是什么意思？一个昼夜又是什么意思？

俗话说的白天和黑夜就是一昼夜，也就是地球以太阳为参照物，自转一圈的时间：以天顶（观测者正上方）和地平线正南连线，观测太阳中心连续两次经过连线的时间。这个时间并非一成不变，时早时晚，所以依据这个时间断定正午并且校验钟表显然不可取，经验丰富的钟表匠也无法使钟表时间和太阳运行时间完全一致。100年前，巴黎的钟表匠们还曾在招牌上写着"太阳的指示欺骗人"。

当然，我们的钟表是按照想象的太阳来校准的，这个太阳没有太阳的功能，只是帮助我们校准钟表而已。现在假设有一个这样的天体，它绕地球做匀速圆周运动的时间正好和太阳绕地球一周（实际上并不是这样，只不过需要假设成这种情况）的时间相同，我们把这个假设天体叫作"平均太阳"。于是，它在经过上述的连线时的时刻被叫作"平均中午"，两个"平均中午"的间隔就是"平均太阳日"，自然，这些时间都叫作"平均太阳时间"，我们所使用的钟表都是参照这个时间来的。当然，日晷等依靠影子来计时的物品自然不是利用了"平均太阳时间"，而是实际的太阳时间。

当看到上边关于"太阳经过连线时间不同"一说，读者们可能会觉得地球自转速度不均匀，不然为何太阳日不相等呢？然而，地球自转确实是均匀的，太阳日不等是由于地球的公转，地球的公转不是匀速的。

如图6，我们可以来看一下公转为何会影响昼夜的长短。

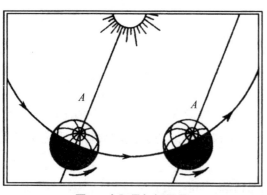

图6　太阳日与恒星日

左边位置箭头表示地球自转的角速度方向。此刻可以看出A点正对太阳，是处在中午的。然而，在右边的位置，A点相对地球来说是和左边位置相同的，但是A点此刻并不是正午，太阳也没有在A的正上方。如果A点要等到正午，须得再过一段时间。

这就说明，两个真正的"太阳中午"之间的间隔比地球自转周期长。当然，如果地球公转是匀速圆周运动，那么二者就应该一致了，然而并不是，差额也能计算出来。虽然说这个差额很短，但是累积起来就显得很重要了。现在我们规定1太阳日（也就是平均太阳时间）为24小时，则1个地球公转周期内，包含了$365\frac{1}{4}$太阳日。然而，在1个地球公转周期内，地球却自转了$366\frac{1}{4}$周，于是，每个自转周期真正的时间为：

$$365\frac{1}{4} \div 366\frac{1}{4} = 23小时56分4秒$$

其实这个周期正好是地球绕恒星（任何恒星）真正的一昼夜，这样的一昼夜被称作"1恒星日"。

于是，每个恒星日比太阳日都短3分56秒，约4分钟。

当然，这个时间差值也并非一成不变，由于地球的公转并非匀速且地球自转轴和公转轨道平面并非垂直，导致不同日子里，实际太阳时间和平均太阳时间差值不同，某些时候甚至相差大约15分钟。而且，一年之中，实际太阳时间和平均太阳时间相同的日子只有4天，分别为4月15日、6月14日、9月1日、12月14日。

除此之外，实际太阳时间和平均太阳时间相差最长的日子是2月11日、11月2日。

这两天内，二者相差大约15分钟。图7中可以很明显地看出二者之间的差值变化情况。

此图7名为"时间方程图"，显示了实际太阳中午和平均太阳中午之间的时差。平均中午为12时，但是4月1日的实际中午却比这个时间晚了5分钟，为12时5分。也就是说，这条曲线表示了实际太阳中午的平均时间。

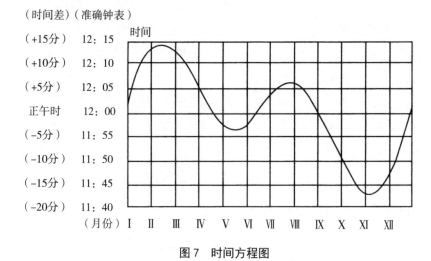

图7　时间方程图

1919年，苏联不再使用"地区时间"，而是启用了"时区时间"，就是将地球按照经线平均划分成24个时区，以时区中间经线的平均太阳时间为准，同一时区都应用同一时间。于是，在一个时间节点，地球上将只有24个不同的时间。当然，在启用"时区时间"之前，地球上存在着非常多的不同时间。

在这之前，苏联一直使用当地的实际太阳时间。由于在不同经线上，平均中午的时间不同，实际中午的时间也不相同，这导致除了火车运行的时间使用全国通用的圣彼得堡地方时间外，其他时候每个城市都拥有自己的当地时间。于是人们根据当地平均时间以及圣彼得堡平均时间，区分了"城市时间"以及"火车时间"。当然，现在火车运行都依靠莫斯科时间了。

在关于苏联的这两段内容中，我们谈到了三种不同的计时方法："实际太阳时间"，"当地平均太阳时间"，"时区时间"。其实除了这些之外，计时方法还有天文学家使用的"恒星时间"以及"法令规定时间"。

恒星时间使用恒星日计算，比平均太阳日短3分56秒。在3月22日的时候二者相同，然而这天一过，恒星时间就又比平均太阳时间长3分56秒了。

法令规定时间简称法定时，这种计时方法在苏联全年通用，然而很多西方国家却只在夏季使用这种计时方法。法定时相对时区时间要早1小时，可以在白天较长的日子里提前作息时间，减少黑暗提早来临时的照明消耗。这种法定时的规定非常简单，只需要将时针统一调快1小时即可。我们提到，西方国家这种计时方法也有使用，不过他们会在春季时调快1小时，秋季时调慢1小时。

这种法定时在苏联一年当中都有使用，冬季同样需要。虽说不能明显减少照明所需能量，但是可以均衡电站的负荷，作用同样很大。这一"法定时"是从1917年开始使用的[1]，有时甚至会调快2个甚至3个小时。当然，中途这个法令断掉了一段时间，不过在1930年重新启用并改成了调快1个小时。

5. 白天的长度

如果要精确计算某地某天白天的长度，可以使用天文年历表进行。当然，日常中如果不需要这么高的精度，就可以依靠图8来大概地推算一下。此图中左侧y轴为白昼小时数，下方x轴为太阳"赤纬"，即太阳和天球赤道的角距，符号为"。"，之间的斜线表示地区纬度。

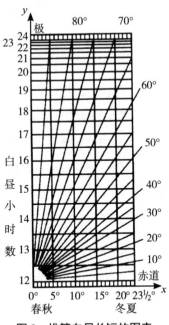

图8 推算白昼长短的图表

---

[1] 注：使用这一"法定时"正是由于本书作者的提议。——译者注

若想得知y轴数据，需要参照下表：

日期	赤纬°
1月21日	−20°
2月8日	−15°
2月23日	−10°
3月8日	−5°
3月21日	0°
4月4日	+5°
4月16日	+10°
5月1日	+15°
5月21日	+20°
6月22日	+23.5°
7月24日	+20°
8月12日	+15°
7月28日	+10°
9月10日	+5°
9月24日	0°
10月6日	−5°
10月20日	−10°
11月3日	−15°
11月22日	−20°
12月22日	−23.5°

那么如何使用这张表呢？我们举例说明。

（1）求圣彼得堡4月中旬的白天长度。

（2）求阿斯特拉罕11月10日的白天长度。

解答（1）：从这张表格中我们可知在4月中旬时太阳赤纬为+10°。那么我们在图8中锁定x轴上10°这条纵线。之后，由于圣彼得堡纬度为北纬60°，则可以根据图8中60°这一斜线以及刚才锁定的纵线夹角得出交点在y轴的投影坐标$14\frac{1}{2}$。于是我们便可知道在这一天白天大约是14小时。那么为何是大约呢？因为大气层还有折射等效果，而这些我们都没有计算。

解答（2）：在这一天，赤纬为−17°，于是我们可在图8中锁定x轴上17°这条纵线。之后由于阿斯特拉罕纬度为46°，于是可以看出y轴坐标

为 $14\frac{1}{2}$，然而由于此时其赤纬为 $-17°$，所以得出的并非白天长度，而是

夜晚长度，于是白天长度为 $24-14\frac{1}{2}=9\frac{1}{2}$ 小时。

根据这些，我们还能得出阿斯特拉罕日出日落的时间。由于该地白天

的 $9\frac{1}{2}$ 时间分成两半就是4小时45分，现在从图7可以得知，11月10日的实

际太阳中午为11点43分，那么可以根据这两个数据得知日出时间为6点58

分，日落时间为16点28分。于是我们可以知道在某些必要情况下可以代替

天文年历表。

以此法为根本，我们可以根据地方时间绘制所在地一年内的白天长度

以及日出日落时间点。如图9，图中显示的是50°纬度地区的三项数据。

这种表并不难绘制，仔细考虑一番即可，如果需要找到三项数据中的某

项，可以直接看图9。

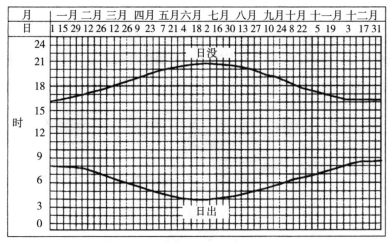

图9　纬度为50°的地区一年内太阳升落时间趋势

6. 不一般的影子

现在观察图10。这幅图看起来非常的诡异，因为在太阳底下的人居然

图10　光天化日下几乎没有影子的人。这是根据在赤道附近所照的相片画的

几乎没有影子。

然而这的确是一张没有任何夸张的真实画作，不过有一点需要指出的是，这张画是在赤道附近地区画的，在这种地区，太阳有可能直射，以至于影子并不会很大。

我们所处的地方位于北回归线以北，所以我们不可能看到这种太阳直射的情况。在6月22日前后，我们头顶的太阳最接近直射，此时太阳正在直射北回归线（北纬23°26'）。之后过半年，太阳又去直射南回归线（南纬23°26'），也就是说，只要是处在南北回归线以内的地带，每年都会有两次阳光直射，这种情况下人的影子是非常小的。

现在再看图11。这幅图虽然并不真实，但却很有启发意义。在极地的一天内，人的影子的长短是不变的，这个倒是没错，因为极地地区太阳光线几乎跟地平线平行。然而，这一点正确不代表所有点都正确，图中影子

图11　一天之内，极地地区物体的影子长度不会发生变化

比人还短，但是在极地，由于阳光和地平线夹角过小，导致影子非常长，于是图中这种影子在极地并不存在，这里太阳和地平线夹角估算是40°，但是在极地，这个夹角定会小于23° 26′。

如果学过几何学，可以得知，极地物体的影子不会小于该物体高度的2.3倍。

7. 两列火车

如图12，现在有两列速度相同且相向而行的完全相同的火车，其中一列由西向东行驶，另一列由东向西行驶，那么它们谁更重一些？

图12　两列火车相向而行

这一个问题看起来很荒谬，两列完全相同的火车自然是一样重。然而事实却并非如此，自东向西的列车更重些，施加给铁轨的压力更大些。由于和地球自转方向相反，导致列车相对地轴的圆周运动速度慢于另一列，于是离心力相对另一辆车较小，其对铁轨压力较大。知道这一点，我们能否知道究竟相差多少呢？

现在设此两列火车位于北纬60°，移动速度v=72 km/h=20 m/s。根据常识可知，此地绕地轴的匀速圆周运动速度为230 m/s，纬线圈半径2 300 km。那么，相对地轴而言，由东向西的列车运动速度为v_1=−210 m/s，也就是说，相对地轴仍然是由西向东。而本就由西向东的列车其相对地轴的匀速圆周运动速度为v_2=250 m/s。

那么根据以上条件：

由东向西火车的向心加速度为

$$a_1 = \frac{v_1^2}{R} = \frac{21\,000^2}{320\,000\,000}\,\text{cm/s}^2$$

由西向东火车的向心加速度为

$$a_2 = \frac{v_2^2}{R} = \frac{25\,000^2}{320\,000\,000}\,\text{cm/s}^2$$

于是两列车之间向心加速度差值为

$$a_2 - a_1 = \frac{v_2^2 - v_1^2}{R} = \frac{25\,000^2 - 21\,000^2}{320\,000\,000} \approx 0.6\,\text{cm/s}^2$$

由于此地为北纬60°，于是向心加速度在重力方向上的分加速度为：

$$0.6\,\text{cm/s}^2 \times \cos 60° = 0.3\,\text{cm/s}^2$$

由于重力加速度为9.8 m/s²，于是，此向心加速度在重力方向上的分加速度是重力加速度的 $\frac{0.3}{9.8 \times 100} = 0.000\,3$ 倍。于是我们可以得知，西行的列车要比东行的列车重0.003倍。如果按照每辆列车3500 t（3 500 000 kg）来计算，那么二者之间对铁轨的压力差值将达到3 500 000 × 0.000 3 × 9.8=10 290 N，这已经不是个小数字了。

假如在同样条件（由东向西，由西向东）下研究排水量20 000 t的轮船，若其运行速度为35 km/h，则其重量差将达到29 400 N。当轮船由西向东行驶时，气压计会体现出这一差值，向西行驶的轮船速度与其相同时，气压计高度将比前者低0.000 15 × 760=0.1 mm。假如有人在圣彼得堡街道上以5 km/h速度行走，则其由东向西行走将比由东向西行走时轻1 g，对地面的压力小0.009 8 N。

8. 如何用怀表寻找方向

晴天时用怀表找方向的方法众所周知：将时针指向太阳，之后将时针所在直线与6、12刻度所处直线间的夹角平分，所得平分线将指向南北，并且，平分线和时针成锐角的方向为南（如图13）。此方法不难理解，因为一个平均太阳日是24 h，时针旋转一周则是12 h，于是任何情况下，时针转过的角度是太阳转过角度的2倍。于是我们将时针转过的角度平分，得到的答案就是平均中午太阳所在的位置了，也就是南方。

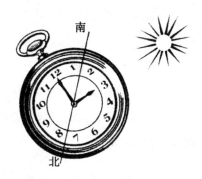

图13　用怀表找方向的方法

然而，这种计算方式有缺陷，误差很大，有时甚至会达到几十度。那么这些误差从何而来？

主要因素就是怀表和地面平行，然而太阳"转动"路线和地面并不平行（只有极地才可能平行），这就导致了这种方法只在极地准确无误，别的地方就会有或多或少的误差产生。

观察图14中的a小图。现在设观测者位于M，北极N，天球子午线为圆HASNRBQ，经过M正上方以及天球北极。用量角器测量M到天球北极连线MN与地平面HR之间的夹角即可简单测量观测者M位于的纬度[1]，此时站在M观察H的方向即为南方。

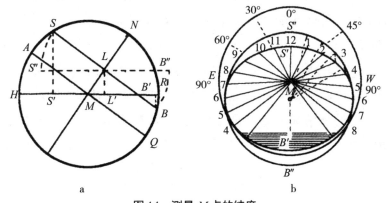

图14　测量 M 点的纬度

---

[1]　《趣味几何学》中关于鲁滨孙的那节曾有解释。——译者注

此图中，太阳在天空中的运行轨迹表示为直线，其一部分位于地平线以上（白天），一部分位于地平线以下（夜晚），AQ表示太阳在春分和秋分所经过的路线，此时我们可以看出AQ在地平线HR上方和下方的长度相等，这意味着白天和黑夜时间相等。而直线BS则表示太阳在夏天时所经过的路线，此时BS直线在HR上方的长度长于在HR下方的长度，意味着白昼时间比夜晚时间长。

太阳在圆形路径上每小时经过整个路径的 $\frac{1}{24}$ 即 $\frac{360}{24} = 15°$。然而经过中午的3个小时后，太阳并不位于地平线的西南，因为太阳轨道上相等的弧线在地平线的投影并不相等。这个不难理解。

现在观察图14中b小图。这个图比a小图更加直观，从天顶往下看时的地平面为SWNE，天球子午线为直线SN，观测者位置为M。此时见a小图，其中L′为太阳一天内路径的中心在地平面的投影，这个一天内的路径投影在地平面B′S″上时为椭圆。

接下来观察太阳轨迹BS在地平面上的分段投影，将BS移动到B″S″并根据一天的小时数分成24份，之后将B″S″的24等分点分别做SN平行线，得到的弧线将不再相等。

那么我们表示你可以求解在53°纬度地区使用怀表测量方向会偏差多少。此时的日出时间在3点到4点，太阳到达距正南90°的E点时是在约7点半而并非怀表测量出的6点，太阳在距正南60°的地方是9点半升起而非测量出的8点，在距正南30°的地方时10点升起而非测量出的11点，西南方向太阳在1点40分而非3点出现，太阳抵达正西是在4点半而非6点。

除此之外，怀表依靠的是法定时间，于是这种方法误差值只会更大。

因此，一般情况下怀表的这个作用虽然简单易行但是并不精准，春分、秋分以及冬天测量时误差相对别的时间要小。

9. 极昼和极夜

极昼和极夜这两种情况听起来很匪夷所思，但是却是真实存在的。4月中下旬开始，圣彼得堡就进入了这样的时期，没有月亮，但也有其他亮光，所以并不漆黑，非常富有诗意。很多文人将白夜和圣彼得堡紧密联系了起来，以至于人们都将这一奇特景象看作圣彼得堡的独特风景。然而，这种现象在极圈以内（纬度大于66° 34′的高纬度地区）都会出现。

现在我们暂且不去管它在文学方面起到的作用，从天文学上来说这种"极昼"其实和朝霞晚霞没什么区别。普希金也曾对这一现象进行了定义："为了阻止黑色冲散那原本金黄的天空，于是晚霞被另一种霞光所代替……"在高纬度地区，这种现象是非常常见的。假如太阳在最低时刻时，光线和地平线夹角不小于17° 30′，则一天的朝霞和晚霞便会连起来，于是也就没有了黑夜。

其实，圣彼得堡更南边一点的地方同样有这种现象，比如莫斯科。相比仅有5月是"极昼"的圣彼得堡，莫斯科在整个6月和7月中旬都会有这样的景象出现，只是亮度差一些罢了。

除了这两个城市，我们能从天文学推断有这种现象的地区到底能够延伸到哪里，它在苏联境内的最南界限在波尔塔瓦，北纬49° 4′，也就是66° 34′ –17° 30′的地方。在这个边界线上，一年之中只有一天（6月22日）可以有极昼现象，其他时候则没有。当然，如果沿着这个地方向北，极昼时的亮度将越来越大，持续时间越来越长，古比雪夫、喀山、普斯科夫、基洛夫、叶尼塞克斯等地均能观察到白夜。当然，由于处于圣彼得堡以南，导致极夜的亮度不如圣彼得堡。斯德哥尔摩的极夜亮度和圣彼得堡没什么两样，普多日极夜亮度大于圣彼得堡，阿尔汉格尔斯克极夜亮度大于普多日。其实，阿尔汉格尔斯克距离真正的日不落地区已经非常接近了。

从北纬65° 42′起向北，太阳在一天内都在地平线以上运动，那么我们观察到的极昼便成为真正不间断的白天。同样，从北纬67° 24′向北，我们还能够观察到"极夜"现象，其中朝霞和晚霞的交接是在中午，导致了不断的黑夜。当然，这两种情况出现在不同时期。比如某些地方，6月出现极昼[1]（底克西塔的5月12日~8月1日为极昼，阿姆巴契克塔5月19~6月26日为极昼），12月出现极夜。

10. 光与暗

上一节中的极昼和极夜让我们小时候"白天和夜晚准确交替"这一想法变得有失偏颇，其实地球上可以按照是否有昼夜交替来划分区间，一共分为5个区间：

第一区间，赤道和南北纬49°4′之间的区域。这一区域昼夜分明，白天和黑夜非常明显。

第二区间，南纬49°4′和南纬65°30′、北纬49°4′和北纬65°30′之间的区域。苏联境内，波尔塔瓦以北的地区都处于这一区间。这一区间拥有极昼现象，但是在夜晚并无法看到太阳。

第三区间，南纬65°30′和南纬67°30′以及北纬65°30′和北纬67°30′之间的区域。这一区域同样拥有极夜现象，并且6月22日左右，在夜晚也能看到太阳。

第四区间，南纬67°30′到南纬83°30′以及北纬67°30′到北纬83°30′之间的区域。这一区间的地区不仅拥有极昼，还拥有极夜，极夜情况下根本无法观察到太阳升起。

第五区间，南北纬83°30′到南极北极之间的区域。这一区间内昼夜交替根本不是我们想象的那样。从6月22到12月22（或者从12月22到6月22），半年内这一地区可以分成5个小阶段：不断的白天、白天和微光的交替、不断的微光、微光中的前半夜出现微暗、不断的黑暗。之后，下一个半年内形势将反转。

---

[1]　底克西塔的5月12日~8月1日为极昼，阿姆巴契克塔5月19日~6月26日为极昼。——译者注

当然，我们之所以没有听说过南半球的极昼，是因为和圣彼得堡纬度相同的地方根本就是一片大海而已，只有航海家能观察到美丽的极昼。

11. 极地的太阳

夏季的高纬度地区，太阳光虽然微弱，但却能将竖直的物体烤得非常热，比如悬崖和房屋的墙壁迅速升温，木船树胶以及冰山都快速融化，人脸被晒黑等。这是为何？

极地地区，太阳光照到地面上的角度非常之小，于是对于竖直物体而言，极地地区太阳光却类似直射了。这一点可以根据角度互补等几何学定理求得。于是，对地面影响很小的太阳光对竖直物体影响就很厉害了。

12. 四季的开头

天文学上规定，春天始于3月21日，也就是说这一天是冬去春来的日子，并不管北半球的这一天到底是否依然寒冷风雪肆虐，还是早已花开草长、暖阳当空。这是为什么？因为天文学并不在乎这一天的天气状况如何，毕竟北半球这么广大，这一天什么天气没有？按照天气来考虑的话根本没什么意义。

其实，这一天是根据正午时分太阳高度以及昼夜的长短决定的。在这一天地球昼夜分割线经过南北两极，太阳直射北回归线，并且整个地球上不论哪一地区昼夜均等长，此时太阳应当在地方时间的6点升起，18点落山。

于是，天文学上将这不同寻常的一天称为春分，毕竟这并非唯一一天昼夜等长的日子，9月23日秋分时昼夜同样等长。秋分是夏天结束秋天开始的标志，并且南北半球春分秋分是相对的，比如北半球春分，南半球则为秋分，北半球秋分，南半球则为春分，两个半球节气并不会重叠。

9月23日起，北半球的白天趋于短暂，夜晚趋于持久，直到12月22日冬至日，此时白天最短，夜晚最长。之后白天趋于持久，夜晚趋于短暂，最后在3月21日春分，日昼夜时间再次相同。经过春分之后，白昼时间依然趋于持久，夜晚依然趋于短暂，直到6月21日，此时白天最长，夜晚最短。之后，白天趋于短暂，夜晚趋于持久，在下半年的9月23日，昼夜时间再次相同。

这一规律在北半球所有地区都适用。

3月21日：昼夜时间相同，春天之始。

6月22日：白天时间最长，夜晚时间最短，夏天之始。

9月23日：昼夜时间相同，秋天之始。

12月22日：白天时间最短，夜晚时间最长，冬天之始。

在南半球，季节情况相反，但是昼夜表现不变。

现在举几个例题以便对上述情况加深印象：

（1）什么地方昼夜时长恒等？

（2）3月21日塔什干的太阳几点升起？东京呢？布宜诺斯艾利斯呢？

（3）9月23日，新西伯利亚的太阳何时落下？纽约呢？好望角呢？

（4）8月27日赤道地区太阳什么时候升起？2月27日呢？

（5）有没有7月寒冬而1月炎夏的地方？

答案：

（1）赤道上昼夜时长恒等，因为无论何时，赤道总被白天黑夜的交界线分成相等的两份。

（2）（3）答案分别相同，因为这两天分别为春分秋分，所以太阳升起的时间都为6点，落下的时间都为18点。

（4）赤道上无论什么时候昼夜都是等长的，太阳永远在6点升起。

（5）南半球中纬度地区这种气候是常有的。

13. 三大假设

有的时候，一些寻常的东西比那些不寻常的东西更难解释，比如十进制计数法。如果你想解释它为什么好，你可能无从下手，只有当你将其和七进制以及十二进制的计数法相比时才会体会到它的精妙简便；在你学习非欧几里得几何学时才能理解欧几里得几何学的要点；想要理解重力，就需要构思一些不寻常的情况。

我们知道，地轴和地球公转轨道有66° 34′ 的夹角，然而这样的情况直接想来是理解不了的，只有将这个夹角想象成90° 才能够理解，就像凡尔纳所著《底朝天》中炮兵俱乐部中人们的幻想。那么如此说来，幻想成真后又会如何呢？

假如地球自转轴和公转轨道面垂直

如果上边这个假设成真，地球会发生什么事？

首先小熊座 α 星，也就是北极星将不再在北极，因为地轴指向变了，不会指向它了，天空将围绕着另一个点转动。除此之外一年当中也不再会有四季。

四季的交替因何而起？夏天热冬天冷的原因何在？这两个问题非常普遍，但是由于书本上学到的东西本来就少，并且在不学习之后也没什么空闲去考虑，导致这两个普遍的问题也很难弄清楚。

由于地轴的倾斜，导致北半球的夏季白天比黑夜长，白天吸收的热量多，晚上散发的热量少，并且太阳照射角度更接近垂直，阳光照射更厉害，于是夏天天气比较热。同理冬天天气比较冷，夜晚散热较多，阳光照射角度小，强度不高。和北半球正相反，南半球的冬季和北半球夏季，以及南半球夏季和北半球冬季情况如出一辙。

于是，当地轴和地球公转轨道面垂直之后，地球相对于阳光的位置将不再变化，地球上也就不再有四季了，每天都是类似春天（或者秋天）一样，昼夜长短一致。太阳系中，木星的自转轴就几乎和其公转轨道面垂直，于是木星上大概就是如此现象。

这种情况下，由于热带的气候变化本来就不明显，导致赤道上的变化并不明显，相比之下，温带和寒带变化就比较明显了，温带上边已经说过将不再有四季，而寒带则是变化巨大。

由于大气折射，这些地方天空上的星星将升高一些，如图15。此时太

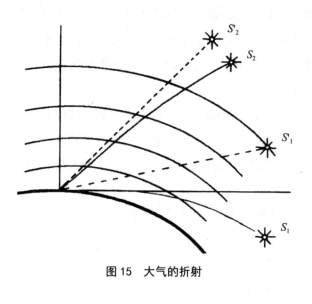

图15　大气的折射

阳将永远不会落下（本来是一直处在地平线以下或者和地平线相交，但是由于折射导致其一直处于地平线以上的"早晨"的状态）。于是在经年累月不变的阳光照射下，本来酷寒的极地会因此变得暖和一点。这虽然是个好事，但是并无法弥补其他地方的损失。

假设地球自转轴和公转轨道面成45°

这一种情况和第一种又不一样了。这种情况下，6月22日前后时太阳会直射北纬45°而并非23°26′。于是，北纬45°的地方将会是"热带"，位于北纬60°的圣彼得堡也将是热带，因为太阳光和地平线夹角达到了75°，已经接近直射了。于是这种情况下，热带会直接和寒带相连，温带将不复存在，莫斯科以及哈尔科夫在6月时将迎来极昼，太阳一直挂在天上。而冬天的莫斯科、哈尔科夫以及基辅、波尔塔瓦将迎来极夜。在莫斯科的冬季到来时，原本的热带由于午时太阳高度不超过45°，导致变成温带。

这种假设下热带和温带地区损失巨大，而寒带地区获得了好处：不再是一成不变的严寒，一年中有一半的时间是温暖如温带的"夏季"。

假设地球自转轴位于公转轨道面上

此时地球自转公转的想象图如图16。其实这种假设不是没有，天王星的运转方式就和我们假设的一样。在这种情况下，极地地区的一个昼夜将从1天延长至1年，太阳花费四分之一年从地平线旋转升起，花费四分之一年从正天顶旋转下落（旋转一周的时间是假设之前的1昼夜），直到再也看不到。此时便是长达半年的夜晚。于是，不管极地地区在极夜时积累了多少的冰，在极昼时都将融化殆尽。

北半球的中纬度地区都将是从春天开始白昼变长，之后开始极昼。地区所在位置的纬度决定了春分和白昼之间的间隔时间，比如圣彼得堡，这里的白昼到来日期将是春分（3月21）之后的30天，并且持续时间将是120天。当然，在秋分时开始黑夜将变长，之后便开始极夜。

当然，上边提到的天王星其自转轴和公转轨道面之间夹角仅有8°，可以说它表面上的真实情况其实和我们上述的假设很相符。

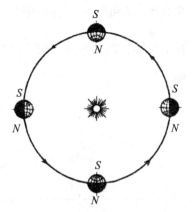

图16 假如地轴放在地球运行的轨道时的情况

于是，在看过了这三个假设后，我们就能够大致理解地轴倾斜度和气候之间的关系了。希腊语中，"气候"一词有着"倾斜"的意思，可见这也并非完全没有道理。

14. 第四个假设

众所周知，地球遵循着开普勒第一定律，以椭圆轨道围绕着太阳旋转。那么这个椭圆轨道是什么样的？它和圆形轨道的区别是什么？

很多初级天文学书籍之中将地球的椭圆轨道拉得非常长，虽然它的运动轨迹的确是椭圆，但是这样做也只能说便于记忆了，因为它带给人很深的错误认识。事实上地球的轨道虽然是椭圆，但是和圆形区别很小，小到如果在纸上画出也只能是画成圆形。假设我们将轨道半径画成1米，那么椭圆和圆之间相差绝对不大于线条的宽度。这样的宽度差距，绘画名家都不一定看得出来。

现在观察图17。这个椭圆中长轴为AB，短轴为CD，除了中心点O以外还有两个"焦点"，它们位于长轴上，关于O点对称。图18即为求焦点位置的方法，按半长轴长度为半径一短轴端点C为圆画弧，此时弧和长轴AB

相交于点F和F_1，于是此椭圆焦距为F和F_1两处。此时通常令$OF=F_1O=c$，长轴长$2a$，短轴长$2b$，那么此时$\frac{c}{a}$为偏心率，即椭圆被拉长的程度。这个椭圆越椭，其偏心率越大。

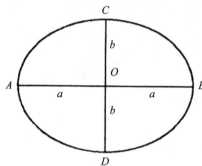

图 17　椭圆及其长径 AB 和短径 CD，　　　图 18　求椭圆的焦点（F 和 F_1）以及
　　　　中心为 O 点　　　　　　　　　　　　　　半长径 a

　　那么现在如果知道地球的偏心率，就能够知道地球轨迹的大概样子了。当然，这个数值并不需要去知道轨道实际的实质，因为根据开普勒第一定律，我们就知道其实太阳位于地球公转椭圆的一个焦点上。于是由于地球公转轨道有长短轴，导致地球和太阳的距离并非一成不变，这也导致太阳变得时大时小。

　　此刻设太阳位于图18中的点F_1，那么当地球处于A点时我们和太阳距离最远，看到的太阳圆面最小。此时约是7月1日，角度大约$31' \, 28''$。当我们位于点B时我们和太阳距离最近，看到的太阳圆面最大，角直径大约$32' \, 32''$。那么则有：

$$\frac{32' \, 32''}{31' \, 28''}=\frac{BF_1}{AF_1}=\frac{a-c}{a+c}$$

　　那么：

$$\frac{32' \, 32''-31' \, 28''}{32' \, 32''+31' \, 28''}=\frac{a+c-(a-c)}{a+c+(a-c)}$$

或者写作：$\dfrac{64''}{64'} = \dfrac{c}{a}$

于是求得：$\dfrac{c}{a} = \dfrac{1}{60} = 0.017$

那么这代表地球公转轨道偏心率为0.017，那么如果测出太阳的圆面，就能够得知地球轨道的真实形状。

现在我们画一个半径1m的大圆并将这个大圆看作地球轨道。此时从图18中可以得出：

$$c^2 = a^2 - b^2$$

或者 $\dfrac{c^2}{a^2} = \dfrac{a^2 - b^2}{a^2}$。此刻由于上文求得 $\dfrac{c}{a} = \dfrac{1}{60}$，在将 $a^2 - b^2$ 换成 $(a+b)(a-b)$，将 $a+b$ 换成 $2a$（因为 a 和 b 相差无几）后我们得到：

$$\dfrac{1}{60^2} = \dfrac{2a(a-b)}{a^2} = \dfrac{2(a-b)}{a}$$

于是

$$a - b = \dfrac{a}{2 \times 60^2} = \dfrac{1\,000}{7\,200} < \dfrac{1}{7}\ \text{mm}$$

现在我们得知，这个误差并不大于 $\dfrac{1}{7}$ mm，也就是说，就算在1m半径的大圆上这个差距都非常的小，最细的铅笔笔画也比这个数值粗。因此，如果我们将地球公转轨道画成圆形并非是错误的。那么，在我们画的半径1m的圆里，太阳位于什么位置？它距离圆心有多远（也就是 OF 或者 OF_1 长度）呢？

这个计算并不难：

$$\dfrac{c}{a} = \dfrac{1}{60}, c = \dfrac{a}{60} = \dfrac{100}{60} \approx 1.7\ \text{cm}$$

于是太阳位于距离圆心1.7 cm的地方。那么，如果我们用1 cm直径的圆来表示太阳，不是仔细量一下的话根本看不出太阳并非处在圆心。

于是我们在绘制地球公转轨道时可以将轨道画成圆形并把太阳放在非常接近圆心的地方。然而，既然地球公转轨道并非完美圆形，那么这个"不完美"会给气候带来什么样的影响呢？为了解决这个问题，我们将再次进行假设。

假设地球公转轨道偏心率为0.5

现在假设地球公转轨道偏心率为0.5。那么，此刻椭圆的焦点将直接平分轨道的半长轴，椭圆也会变得像个鸡蛋。此时的偏心率说实话是很大的，毕竟八大行星中运行轨道最扁的水星其轨道偏心率也不大于0.25（小行星以及彗星偏心率其实更高）。

现在如图19，1月1日时地球位于离太阳最近的A点，7月1日则位于离太阳最远的B点，太阳位于半长轴中点。那么此时FB=3FA，地球在B点时和太阳距离是在A点时和太阳距离的3倍。于是我们可以得知，1月太阳的可视直径将是7月时的3倍，发出的热量为7月份的9倍。那么此时北半球的冬天将不再寒冷，因为虽然白天仍然短，但是得到的太阳热量增加了。然而，南半球的冬季可就更寒冷些了，因为南半球的冬天在7月，也就是距离太阳更远的B点。

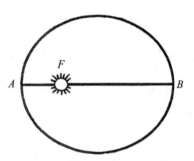

图19　如果地球轨道的偏心率为0.5，地球轨道会是什么样的形状

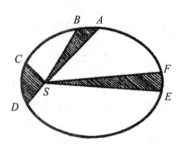

图20　多普勒第二定律：如果弧线AB、CD、EF是行星在相同时间段内通过的距离，那么图上的几块阴影图形面积应该相等

现在，我们还需要关注一个情况，即开普勒第二定律：相同时间内向量半径经过的面积相等（参照图20）。"向量半径"是一条直线，连接了行星和太阳。将此定律代入假定轨道，此时地球沿椭圆轨道公转，向量半径自然也在运动并且会覆盖出一个扇形区域。开普勒第二定律中提到，相同时间内覆盖的扇形面积相等。于是当地球离太阳较近时，为了保证扇形面积相等，则地球自然会加速，同理，地球在远地点B时会减速。

于是，此时北半球的冬季将变得又温暖又短暂，反之，南半球的冬季将变得又寒冷又漫长。

现在观察图21，这张图是根据假设划分的对季节长短变化的精确图解。此图偏心率仍然为0.5，并且按照相同的时间间隔在公转轨道上做出了12个点，然后将地球公转轨道分成了12份。此时每个点到太阳的距离连线就称为向量半径，每一个扇形区域面积都相等，都是椭圆面积的 $\frac{1}{12}$。

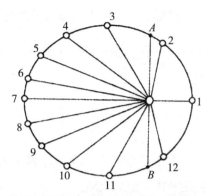

图21　如果地球轨道是较扁的椭圆形，那么地球应当怎样绕太阳运动？相邻的两个数字之间的距离，是地球在相等的时间（一个月内）所走过的距离

继续观察图21。1月1日时，地球位于点1，2月1日在点2，3月1日在点3，按照这个规律我们可以发现春分点点A在2月上旬，秋分点点B在11月下旬。这样算来，北半球的冬天只有不到两个月，毕竟春分点和秋分点之间除了冬天还有秋天。之后从春分到秋分，之间经过了春夏，却有十多个月。

当然，和北半球正相反，南半球的夏天仅仅不到两个月，但是在夏天，太阳的热量是远日点时的9倍，导致虽然夏天短暂但是非常燥热。而冬天却非常非常漫长，所得热量只有近日点时的 $\frac{1}{9}$，又冷又干燥。

除了气候的变化，每一天内的变化也非常大，这种情况下，1月时地球运动非常快，平均中午和实际中午相差非常大，如果依旧按照钟表也就是平均时间来算的话会非常麻烦。

当然，虽然在上述假设条件下我们得知北半球的冬天短暂夏日漫长，而南半球的夏天短暂冬日漫长，但是在没有假设，也就是在实际生活中有这种情况吗？当然有，毕竟地球的轨迹并非圆形。其实地球在1月时和太阳的距离比在7月时和太阳的距离要小 $\frac{1}{30}$，于是1月中地球得到的热量是7月的 $(\frac{61}{59})^2$ 倍，差不多是7%左右。这使得北半球的冬天稍微温暖了一些，不至于太冷。并且，由于南半球的冬天在7月左右，导致南半球的冬天相对更冷些，时间也更长些，这也是南极为何比北极更冷，比北极有更多冰的原因了。

观察下表，此表中显示了南北两个半球四季的时间。

北半球	时长	南半球
春	92天19时	秋
夏	93天15时	冬
秋	89天19时	春
冬	89天	夏

表中可以看出，北半球春季比秋季多出3天，除此之外，北半球夏季要比冬季多出4天15时。

当然，由于地球公转轨道的长轴位置并非一成不变，导致这个差值也会非常缓慢地变化。我们得知，从北半球春秋相差3天这一时间点开始，到下一次北半球春秋相差3天，需要21 000年。

除了长轴位置，地球公转的偏心率也在变，范围在0.003~0.077不等。现在这个时间段正是偏心率逐渐减小的时间段，24 000年之后地球的偏心率将减小到最小也就是0.003，之后又会经过40 000年的持续变大变到0.077，之后依次循环。

当然，这变化实在太过缓慢，根本没有什么实际意义，只在理论上还能有些作用。

15. 何时距离太阳较近

如果地球公转轨道是圆形，那么我们就可以得知中午时分我们距离太阳更近些。要知道，正午时分的赤道要比刚入夜时的赤道近一个地球半径的长度即6 400 km。

但是，地球的公转轨道并非圆形而是椭圆（见图22），于是地球距离太阳时近时远。那么，我们早已知道1月时地球距离太阳最近，7月时地球距离太阳最远，二者距离差值为 $2 \times \frac{1}{60} \times 150\,000\,000 = 5\,000\,000\,\text{km}$。换算到每天，可以得知每天的距离变化是30 000 km。又由于中午到傍晚是

一天的 $\frac{1}{4}$，可知中午到傍晚距离变化为7 500 km，显然比地球自转所能形成的最大距离6 400 km大一些。那么此时我们可以断定，1月到7月的中午我们到太阳的距离要小于傍晚时和太阳的距离，而7月到次年1月情况相反。

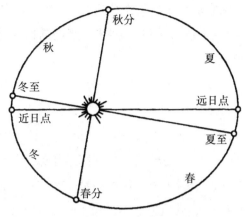

图22 地球绕太阳公转的轨道略图

16. 加1

设地球公转轨道为圆形并且地球围绕太阳做匀速圆周运动，那么如图23，如果地球绕太阳公转的轨道半径增大1米，会有什么后果？公转轨道会增长多少？公转周期会增长多少？乍一看，由于地球和太阳平均相距150 000 000 km，这1 m可能根本微不足道，但是，地球轨道可是很长的，半径增加1米，地球公转轨道的长度也会显著增加，一年也将变长不少。由此看来，这1米还真是比较关键。

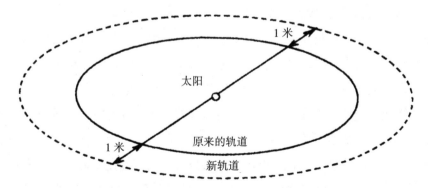

图23 如果地球跟太阳的距离增加1米，地球轨道会增长多少

然而，计算之后我们发现其实这1米真的就像第一眼看上去那样，影响非常小。我们就算非常不信任地再算几遍，结果也还是如此，为什么？

因为它的影响本来就是这么小，同心圆的周长差取决于半径差。如果画一个1米半径的圆和一个2米半径的圆，其周长差其实和我们讨论的问题中一模一样。

计算一下。

现在设某个圆半径 r，另一圆半径 R。现在我们已知 $R-r=1$，求两圆之间周长差。那么某个圆的半径为 $2\pi r$，另一圆半径为 $2\pi R$。此时将 $R-r=1$ 代入 $2\pi R$ 得：另一圆半径为 $2\pi+2\pi r$。于是我们可以很清楚地看出，其实两个圆之间周长差约是6.28，是一个定值。因此，如果地球公转半径增加1m，其轨道也不过长了6.28 m而已，地球的公转速度也不会受什么影响，一年只增加了 $\frac{1}{5000}$ s。

17. 各种角度

现在如果你看到的直线下落物体被别人说成非直线下落，你也许会很纳闷。但是如果他并没有跟着地球一起自转，那么他说的的确可能是对的。现在观察图24，某球从500米空中下落，现在它参与了两个运动，一个是跟随着地球的运动，另一个是它的自由落体运动。当然，我们在观察这个球的时候并不会观察到它跟随了地球的自转运动，因为我们也在跟随，人和球在地球自转速度方向上是相对静止的。当然，如果我们不在地球，不参与地球自转，那么我们看到的球就不是单纯的自由落体了。

众所周知，月球和地球一同绕着太阳旋转，并且月球并没有自转，只有绕地球公转。现在如果同样在地球释放某球，此时看到的球将不再是直线下落，而是有了两个方向的速度：向下的速度以及由西向东并且和地球表面相切的速度。并且，由于某球在竖直方向有加速度而在和地表相切的方向没有，导致其合成运动路径（在月球看到的路径）必为曲线，如图25。

现在再次讨论这个问题，假设我们带着望远镜并位于太阳上，那么我

图 24 对位于地球上的观察者来说，自由下落的物体是沿直线运动的

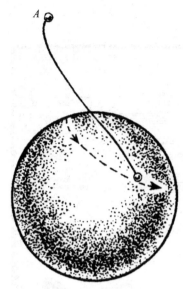

**图25　在月球上的观察者看来，
这条路线是曲线状的**

们不会参与地球的自转以及公转，导致如果某球从地球空中自由下落，我们将看到某球具有三个分速度：

垂直下落的匀加速运动速度；

自西向东和地面相切的速度（图26）；

地球公转速度。

通过第一个运动，我们可以求得某球从开始抛出到停止的下落时间为10 s，整个过程中的平均速度不过是50 m/s即0.05 km/s左右，那么，按照莫斯科的纬度，地球自转速度为0.3 km/s，公转速度30 km/s，于是和前两个运动相比，某球因为地球公转的速度更加明显（速度大），于是我们看到的情况如图27。虽然图27有些错误（10秒内地球不可能运动这么远，只能运动300 km。只是为了更清楚地理解问题，才忽略了这一问题），但是却不影响我们的判断。此时地球向左运动，某球下落的500 m并无法明确察觉，因为某球向左移动了300 km。

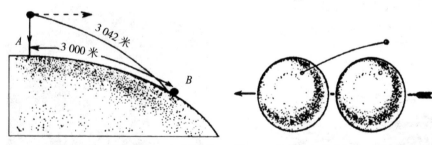

图26　地球上自由下落的物体，还要沿着跟地面相切的方向运动　　**图27　从太阳上观察图24中所示的地球上垂直下落的物体（没有注意到比例尺）**

当然，如果我们脱离太阳，我们将发现某球的第四种运动：相对于我们所处星球的运动。这个运动的运动速度和方向的影响因素很多，要看太阳系和某星球的相对运动。现在我们画出大概的某球运动图图28。此图假设太阳系和所在星球间相对运动速度100 km/s，也就是说某球10 s内就将运动1 000 km，很显然会使某球本就复杂的运动轨迹变得更复杂。当然，如果我们位于别的星球，可能情况又会不一样。

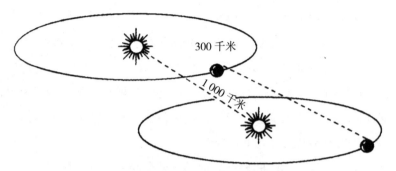

图28　从遥远的某球上观察地球上物体下落的路线

当然，如果这么一连串的假设下去，我们可以将某球的运动变得越来越复杂。但是这并不必要，因为我们经过前边这些假设已经得知：观察物体的角度不同，得到的物体运动轨迹也不同。

18. 其他时间标准

假如你干了1小时的活又睡了1小时的觉，那么你工作和休息的时间是否相等呢？

很多人认为用精密计时装置测量的话肯定是相等的。但是问题又来了，什么计时装置才是精密的？当然，经由天文学观测校对的计时装置最精密，也就是说，完全精密的计时装置完全符合地球的匀速旋转运动，每个相等时间间隔转过角度相等。

然而，地球真的是匀速旋转吗？怎么确定地球两次旋转周期时间相等呢？也就是说如果根据地球自转，并无法解释这一问题。近代的一些天文学家打算启用新的计时标准，取代原先的那种利用地球自转来计时的标准。那么，他们的成果究竟如何呢？

一系列研究之后，天文学家们发现某些天体的运动并不规律，不像我们想象中那样是匀速的，这些运动非常难以解释，根本无法去套用原有的天体力学定律，比如月球，木星的第一、第二卫星，水星的运动，以及地球的公转。这种不规律的运动表现为时快时慢，并且月球在某些时间其路径将和理论路径偏差 $\frac{1}{4}'$，也就是15″。那么这些偏差到底因何而起？是不是由于地球自转并非匀速而影响了我们精密计时仪器的准确性呢？

其实有人已经提出过要放弃"地球钟"了，"地球钟"也被停了一阵子。人们发现，用木卫或月球或水星的运动来做自然钟，测量效果还不错，准确性也可以令人满意。当然，使用新的计时方法得到的地球自转将不再匀速，几十年变快，几十年变慢。

1897年，一昼夜的时间要比之前的一些年份长，多出0.003 5 s，1918年，一昼夜的时间竟然比1897~1918之间任何一年都要短0.003 5 s，并且经推算可知，100年前要比现在昼夜时间长0.002秒。

那么我们可以说，就算某些天体确实是匀速运动的，但是地球相对它们来说也并不匀速，即使地球运动速度偏差很小。现在观察图29，图中为地球自转速度变化。我们从图中看出，1680~1780年地球自转变慢昼夜增长，导致昼夜时间差额甚至近30秒。之后的19世纪中期自转加快昼夜变短，差额逐渐缩小，到19世纪末期，差额差不多只有5秒左右。

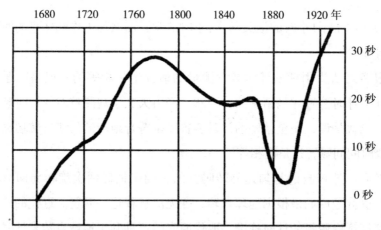

图29　图中的曲线说明从1680～1920年期间地球自转运动相对于匀速运动的变化情况。如果地球匀速转动，那么图中就应当是一条水平线。曲线上升表示一昼夜时间变长，也就是地球自转变慢；曲线下降表示地球自转加快

之后的20世纪初，地球自转再次减缓，差额再次增大，甚至突破了30秒。

针对上述情况，我们现在只能列举可能的原因，比如月球带来的潮汐力或者地球直径的改变[1]。当然，如果能够找到合理的解释，找出真正的原因，那将是重大发现。

19. 年月的开头

当莫斯科钟声响起十二下，代表着莫斯科的元旦来临了，新的一年也来临了。然而莫斯科以东的地方，元旦早已经来临，而莫斯科以西的地方还在静静等待十二点的钟声。但是，地球是圆的，那么"莫斯科以东"和"莫斯科以西"这两个界限必定会在某地相连，于是就肯定有一个地方，分开了"元旦"和"除夕"。

这个界限名叫"日界线"，精确方向由国际协定规定，其通过白令海峡，在180°经线附近弯曲并穿越太平洋。这条线并非真实存在，只是想象中的一条线。这条线的两边是两个不同的日子。也就是说，这里是最早迎接"明天"的地方，"明天"一旦离开这里就变成了"今天"，之后从这里出发，转过一圈之后回到这里并最终消失，同时又一个新的"明天"出现。由于这条"日界线"穿过白令海峡，这就导致苏联成为第一个进入新一天的国家，"明天"从白令海峡出发，第一个经过的便是苏联的杰日尼奥夫角，之后开始环绕地球一周的旅行。当然，同样是在这里，绕了地球一周之后，"今天"又会在白令海峡东边化为"明天"，就这样交替进行，有条不紊。

当然，最初的航海家们没有确定这条线，以至于搞错了日期。当初麦哲伦周游世界时，他的一个朋友安东尼·皮卡费达就曾经记录过这样一件事：

7月19，星期三。

这天我们看到了绿角岛，于是抛锚驻扎。我们担心航行日志中的时间

---

[1] 若用直接测量法，地球直径改变最多精确到100米，相比较而言是没有什么作用的。但是我们可以确定的是，地球直径一旦改变，地球自转速度就也会发生改变。——译者注

出现问题，于是就去问岛上的人今天的日期。结果岛上的人回答说是星期四。我们都很惊讶，要知道，在我们的日志上今天的确是星期三，并且我们的记录应该不会有错。

到后来我们才知道我们两方都没有错。因为我们一直在向西航行并追随着太阳的脚步，于是在我们回到原地时应该比没有追随太阳脚步的人们少算了一天。

那么现在的航海家如何做才能不出这样的差错呢？答案是看准"今天"和"明天"。如果你自西向东航行，在经过"日界线"时你将到达"昨天"，于是你应该将日期减少一天，比如你在2日穿过的"日界线"，那么你应当将日期调整为1日，或者说，在你过完2日之后，你须再过一个2日来平衡一下。自然，如果你在2日自东向西穿过"日界线"，你将到达"明天"，于是你应当将日期调整为3日。

这么说来，《八十天环游世界》的作者儒勒·凡尔纳所说的故事其实不可能发生。书中说，冒险家环游世界之后在星期日回到故土，却发现故土的时间还在星期六。这种情况只在没有"日界线"的麦哲伦时代才会发生。同样，爱伦·坡"一周三周日"的笑话在现在看来也是不可能的。笑话中说，一位刚刚完成自东向西环游世界壮举的水手有两个好友，其中一个在家乡等着他俩，另一位同样刚刚完成自西向东环游世界的壮举。结果，三人中有一个说昨天是星期日，有一个说明天是星期日，守在家里的人却说今天是星期日。

这些其实说起来并非很玄，但是麦哲伦时代明明已经过去了400多年，却还是有人不能理解。

20. 二月中的周五

人在一个2月中最多最少各能遇到多少个周五呢？

如果没有看上边那一节，很多人会说2月最多5个周五，最少4个。如果在闰年2月1日是周五，那么29号也是周五，于是有5个，其他时间则没有。但是，如果看了上一节，我们会知道，如果在2月中围绕"日界线"进行某种方式的航行，答案就会不同了。

现在假设有一艘船专门在白令海峡之间航行，也就是东西伯利亚到阿拉斯加。那么，假设这艘船在一个正好是周五的闰年于2月1日从东西伯利亚出发，那么由于穿过"日界线"，导致周五被"翻番"了，因为它经过一个周五之后将日期调整成了周四，又会经过一个周五。于是，每次周五它都从东西伯利亚出发，那么在整个2月，它将遇到10个周五。当然，如果这艘船在周六由西向东穿过"日界线"到达周五，再穿回去到达周六，之后再穿回来，往往复复，那它将遇到无数个"周五"，只是这种无聊的情况不在考虑范围之内。

于是正确答案应当是：最多遇到10个周五，最少4个。

第二章

月球和月球运动

1. 新月残月

若在天空中看到弯弯的月亮，如何判断是新月还是残月？

其实，北半球所能看到的新月总是会向右突出，而残月则向左突出。当然这样直接记忆可能有些麻烦，现在介绍一种简单的记忆方法如图30，根据新月残月和P、C两个字母的相似性我们便可区分到底是新月还是残月。

生长，新月

衰老，新月

图30 区分新月与残月的简便方法

除此之外，法国人同样有独特的记忆方法：他们将弯月两个尖端用直线连起，之后如果组成了拉丁字母d，则为残月（法文dernier意为"后"），如果组成了拉丁字母p，则为新月（法文permier意为"第一"）。

德国人也使用类似的和字母联系的办法来帮助记忆新月和残月。

当然，上述这些办法在南半球以及赤道附近却并不适用，比如在澳大利亚或者德兰士瓦情况就正好相反，并且在克里米亚以及外高加索，弯月已经不再左凸右凹了，而是几乎斜卧，如果再往南就将彻底横过来了。赤道附近的弯月只会是类似小船（阿拉伯的故事中曾有"月梭"一说）或者拱门。这种情况下，不管是俄语法语还是德语，都无法使用联想来记忆新月和残月了，这也就是古罗马将斜月称为"虚幻月亮"的原因。

这个时候要想确定新月残月，就要依靠天文学了。在西方黄昏出现，则为新月，在东方清晨出现，则为残月。

2. 月相

众所周知，月亮光来自太阳光，于是弯月的凸面应当面向太阳。然而却总有类似图31这样的错误画作出现：弯月的凸面背对着太阳。

当然，说实话弯月真的不好画，有经验的画家都不一定能画好弯月（参照图32a、b），因为弯月的内外弧并不都是半圆形，只有外弧是半圆形，内弧是日光照耀下月球圆形边缘的投影。抛开弯月形状不谈，其位置也很难确定。一般来说，若将月亮两个尖端用直线相连，那么太阳中点到这条线段中点的连线应当垂直于这条线段，如图33，毕竟月亮是太阳照亮的。然而，这种情况只在非常纤细的弯月上发生，现在图34就是不同

图31 这张风景画上有一点天文学方面的错误，错在哪里？

图33 弯月与太阳的相对位置

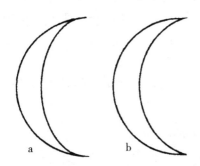

图32 正确（a）与错误（b）的弯月

时期月亮和太阳光的位置关系，可以看到，光线在照射到月亮的时候方向似乎发生了一些变化。

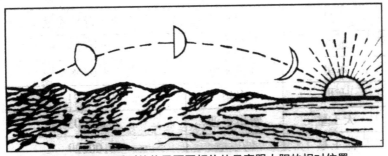

图34 我们所看到的位于不同相位的月亮跟太阳的相对位置

太阳光确实是垂直于月亮两尖端连线的，然而我们看到的却并非这条直线，而是它在天球上的投影，自然也就是一条曲线了。那么，我们看到月亮的位置不太准确也就情有可原了，画家们作画的时候也需要考虑到这一点，将月亮的正确方位展现出来。

3. 孪生行星

由于地球和月球相对而言质量、体积差距都不是特别大，于是我们便称呼地球和月球为孪生行星。当然，太阳系里不是只有地球有卫星，其他行星中的某些卫星相比月亮要大很多，但因为其相比其围绕的行星显得太过渺小，以至于其和其行星无法称之为孪生行星。

比如，月球的直径约是地球的 $\frac{1}{4}$，质量是地球的 $\frac{1}{81}$，但是其他卫星中相对其行星直径最大的是海王星卫星特里屯，但是其直径也只是海王星直径的 $\frac{1}{10}$。除了这个，其他卫星中相对其行星质量最大的是木星的第三个卫星，但是其质量并不到木星质量的 $\frac{1}{1\,000}$。

下表中是一些行星和其卫星的质量关系。

行星	卫星	卫星和行星质量比
地球	月球	0.012 3
木星	甘尼密德	0.000 8
土星	泰坦	0.000 21
天王星	泰坦尼亚	0.000 03
海王星	特里屯	0.001 29

由此可见，月亮和地球的质量比最大，也就是说，相对而言，月球是最接近其行星的卫星。

当然，除了质量体积相对而言差距最小这一点，它们之间的距离相对其他卫星和行星而言也是非常小的。如图35，木星第九卫星和木星的间距是地月间距的65倍之多。

图35　月球离地球远近跟木星的卫星离木星远近的比较
（天体本身的大小并没有按照比例来表示）

　　另外还有一个非常有趣的事实，月球绕太阳运动的轨迹和地球的公转轨迹非常相似，如图36，只需简单的计算就可知道，这条线路向太阳方向突出，比较像一个带圆角的十二边形。图36中为地球和月亮在一个月内的路线图，此时地球轨迹表示为实线，月球轨迹表示为虚线。按照这张图上的比例，地球公转轨道直径约是0.5 m。若将地球直径画成10 cm，那么，地球和月球轨迹之间的最大距离甚至不如我们画出的线段长度。于是我们才可以说，地球和月球是"孪生行星"[1]。

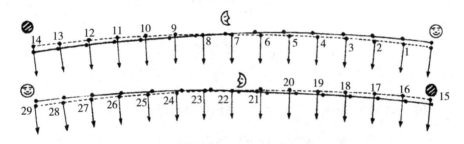

图36　地球（虚线）和月球（实线）在一个月中绕太阳所走的路线

　　于是，若在太阳上观察地球和月球，可以看到月球的轨迹是地球的轨迹差不多重合的波浪轨迹，和月球公转轨迹是椭圆这一点并不违背。当然，我们在地球上并无法观察到这一现象，因为我们自身也和地球月球一同绕着太阳运动。

---

　　[1]　图36中可以看出月球并非匀速运动，这是正确的，月球公转轨迹是椭圆形，虽然其偏心率只有0.055，但是足以导致月球在近地点的运动速度快些，远地点的运动速度慢些。——译者注

4. 月球撞太阳

月球为何不会在引力作用下撞到太阳？

很多人一看这个问题就笑了：月球为何会和太阳相撞呢？月球和地球距离比和太阳距离小得多，地球对月球引力大，所以月球只能由于地球的引力而绕着地球公转。然而，事实却恰好和这些人想象的相反：太阳对月球的引力要大于地球对月球的引力。

这个可以经过计算来证明。

现在设万有引力常量G，太阳质量M_1，地球质量M_2，月球质量M_3，月日距离R_1，地月距离R_2。那么根据万有引力公式可得：

$$F \quad = \frac{M_2 M_3 G}{R_2{}^2}$$

$$F \quad = \frac{M_1 M_3 G}{R_1{}^2}$$

由于$\dfrac{M_1}{M_2} = 330\,000$，$\dfrac{R_1}{R_2} = 400$，我们可以求得：

$$\frac{F}{F} = \frac{M_2 R_1{}^2}{M_1 R_2{}^2} = \frac{160\,000}{330\,000} \approx \frac{1}{2}$$

也就是说，地球对月球的引力不过相当于太阳对月球引力的$\dfrac{1}{2}$罢了。

那么这就有疑问了，既然如此为何月球没有被吸引到太阳那边？

其实这和地球不会撞上太阳的道理是一样的，月球和地球同样在绕太阳旋转，太阳引力用来维持月球和地球绕太阳的运动了，也就是用来提供一个向心力，图36中可以看出这一点。并且，由于地球月球都在绕着太阳旋转，太阳并不会去干涉地月之间的相互关系，而是会直接对"地月系"的重心施加万有引力。这个重心位于地月重心的连线上距离地球中心$\dfrac{2}{3}$半径处。每个月，地球和月球都会绕着重心旋转一周。

5. 月亮的明暗面

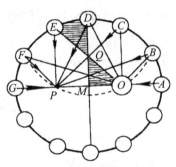

图37　月球围绕自己的轨道绕地球运转

从立体镜中观察月亮，将能看到真正的球形月亮，而不是平常在天空中看到的那种，类似茶具托盘的平面状。然而，观察容易，得到其实体相片却非常困难，因为拍摄这种照片需要深刻了解月球变幻莫测的运动规则。

月球在绕地球公转时自身也在自转，但是始终保持同一面面对地球。图37即为月球的轨道，只不过为了解释更加简单并且更容易观察而夸大了轨道的偏心率。其实，就算将月球轨道的半长轴设为1 m，其半短轴长度也不过才比半长轴短1 mm。除此之外，当月球轨道的半长轴为1 m时地球距离轨道中心也仅有5.5 cm。

现在我们假设地球位于椭圆轨道焦点O，则根据开普勒第二定律，月亮在$\frac{1}{4}$个月内走过了AE，那么此时图形$OABCDE$面积将等于图形$MABCD$。并且，月亮的自转匀速，于是在$\frac{1}{4}$个月内月球转过了90°，所以当月球在E点时投影点并不为M，而是P附近一点。这个时候，人们能够看到月球右侧之前看不到的一小部分。位于F点时，由于$\angle OFP < \angle OEP$，所以能看到更小的一部分。在月球公转轨道的远地点G，月球的相对位置和在近地点A时相同，那么在剩下的半个周期，我们又能看到月球不可见部分的一小部分，之后慢慢扩大、缩小，最终在A点恢复原样。

月球轨道是椭圆，它始终有一面朝向轨道的焦点，所以其朝向地球的一面不会完全不变，在我们眼中会不断在天空中"摆动"。这种"摆动"被天文学家称为"天平动"，其大小用角度描述，比如月球在E点时天平动角度为$\angle OEP$，而最大的天平动角度为7°53′，十分接近8°。

现在来看一看在月球公转时天平动的角度如何变化。设圆心D，用圆规作一条通过焦点O和P的弧，并且设弧和轨道交点为B、F。此时$\angle OPB$和$\angle PFP$均是$\angle ODP$的一半。B点时达到最大值的一串，之后开始增加。从D到F，又开始加速减小。在轨道的另一半会反转重复上边的变化。

由于月球赤道面和月球公转轨道面有一个$6°\ 30'$的夹角，所以除了上述"经天平动"之外还有一种"纬天平动"，也就是在观察月球的时候偶尔能够从北边或者南边看到一点之前看不到的地方。这个"纬天平动"最大值正是$6°\ 30'$。

我们可以根据这个来分析一下如何得到月球的实体照片。要想得到实体照片，必须选择两个时间点，在这两个时间点内，月球在我们眼中要转过足够的角度，能够使很难看到的部分尽可能大，比如A、B点，B、C点，C、D点之类。然而，这些位相在一到两天之内变化非常大，月球"发光"的边缘部分并不是阴影，影响实体照片的质量。于是，要想拍到合适的相片，就得等到经天平动相同时才行。当然，这两个选取点纬天平动也必须一致。

根据上边的解释，我们得知想要照出很好的实体照片实在有些困难，于是照完第一张后，第二张极有可能需要在几年后才能拍照成功。

读者们当然不太可能会去拍摄实体照片，我们在这里增加这一部分的目的也只是让读者们明白月球运动的特性。按照经纬天平动来算，我们真正看不到的月球表面只有41%，能够看得到的有59%。只不过这59%中有一部分不会经常看到罢了。由于那41%我们无论如何也不可能在地球上见到，于是它到底是什么样，以及它是否和能看到的那部分面相似等这些问题我们也只能猜测[1]。天文学家曾经将能看到的地区山脉沟壑等向后延伸，试图描述看不到的一面的某些细节，然而这种细节到底真实与否目前还无法判断。

不过，目前虽然无法判断，但我相信未来一定能。不久后的未来，人们一定会发明能够飞向太空的飞行器飞向月球。当然，虽然我们无法得知月球背面到底有什么，但是"背面可能有水和空气"的说法是肯定错误

[1] 空间探测显示月背处主要是明亮的高地，和正面差距非常大。但是为何会出现这一现象还尚需考证。——译者注

的，因为从物理学的角度来说，如果有空气和水就和物理学定律相悖了，所以我们能看到的一面没有水和空气，那么看不到的一面自然也没有（这一点之后还会讲到）。

6. 第二个地球卫星以及月球的卫星

我们经常能看到类似"发现了第二个地球卫星"等之类的消息，虽说这些消息并不知道真假，但是这种类似的话题确实很有趣。当然，"第二颗卫星"已经不是什么新鲜话题了，它在很久之前就已经出现了。凡尔纳在《环游月球记》之中就曾经提到过第二个月亮，它的移动速度非常快，体积很小，人们都无法看到。

凡尔纳说，法国天文学家蒲其就猜测有这样一个小卫星，距离地球8 140 km，周期为3小时20分。然而英国的《知识》杂志公然否定了他的这些言论，并说根本就没有这样的发现，也没有这样一个叫蒲其的人。事实的确如此，没有哪本百科全书上提到过这个人。

不过，有一位图兹天文台的台长的确叫蒲其，他在19世纪50年代也确实认同的确有第二个月亮的存在，它的周期为3小时20分，只不过它的轨道距离地表5 000 km而并非8 140 km。这一说法在当时并不太被认同，只有少部分的人支持，再后来便销声匿迹了。

其实，这样数据表明一颗星星是完全可以存在的，和科学理论并不冲突，只是这类天体并非只有在经过（或者貌似经过）月亮或太阳时才会被看到。毕竟，就算这颗卫星距离地球特别近，每次运转都能被地球挡住，但是早晚的阳光却总能照到它，所以它在这时候会是一颗"发亮"的星星。假设它的速度非常快，那么在早晚时分或者日全食的时候，一个运动这么快的发光行星不可能不引起人的注意。

于是，假设地球真的有这样一颗卫星，我们应该早就看到它了，结果事实表明我们并没有发现过它真正出现。那么，这样一个第二卫星到底有没有呢？月球有没有卫星呢？

第一个问题的答案还不能确定，但是第二个问题就非常难以回答了，因为它非常复杂，然而想要证明月球有卫星这一点太难了，天文学家穆尔顿曾说：

月满时它的光将使它附近的小天体变得难以分辨，除非发生月食。因为太阳光同样会照亮月球附近的天体，所以是月食的时候我们才能够看到它们。然而，经过了很多次探测，也没有发现对这一点有佐证作用的结果。

7. 月球为何没有大气层

这个问题直接回答可能不太容易，但是我们可以反过来先想一想"为何地球有大气层"，之后这个问题就很容易了。空气中含有不停热运动的分子，0℃时分子的热运动速度约是0.5 km/s，但是这些分子会受到重力的作用，导致它们只会落到地球表面。我们现在举例说明，设其能够到达的最高点高度h，重力加速度$g=10$ m/s^2，运动速度为0.5 km/s，运动速度竖直向上。那么由于$v^2 = 2gh$，可以求得$h=12\,500$ m。

值得一提的是，这个高度h只能算是一个平均高度，因为比这个高度更高的地方同样有空气分子。这就好比平均寿命40岁的人类却有80岁的老者，都是一个道理。平均分子的速度为0.5 km/s，但是不代表每一个分子运动速度都为0.5 km/s。

研究表明，一定量的分子中，速度为0.5 km/s的平均分子数量最多，和平均分子之间速度差的平均值越大，分子数量就越小。一定体积的0℃氧气中，17%的分子运动速度为200~300 m/s，20%的分子运动速度为300~400 m/s，20%的分子运动速度为400~500 m/s，9%的分子运动速度为600~700 m/s，8%的分子运动速度为700~800 m/s，还有1%的分子运动速度为1 300~1 400 m/s。除了这些，还有非常少量的分子运动速度为3 500 m/s。经过计算后发现，这些"极少量的分子"速度足以冲向600 km的高空了。

这就是几千米高空依然有氧气分子的原因。不过，空气分子的速度又不足以克服第二宇宙速度（11.2 km/s），以至于它们在一般情况下无法冲出地球（当然还是会有极其个别的分子能够逃离地球）。氢气是最轻的气体，但是如果想等到一半的氢气分子离开地球，要等的年份需要用到的数量级甚至达到了25。也就是说，在很长的一段时间内，大气的组成成分还是不会变的。

知道了这一点就可以很容易地想到为何月球没有大气层了。现在设月球重力加速度g（1.6 m/s^2），月球半径R，月球质量M，则我们根据公式可以求出月球的逃逸速度v：

$$v = \sqrt{\frac{gM}{R}}$$

将已知的数据代入可以求得月球逃逸速度为2 360 m/s。这个速度相对小了很多。甚至在比较低的温度下，很多分子都依然能达到这个速度，于是月球定会不断地损失大气（当然如果它曾经有过的话）。因为，运动速度最快的分子离开月球后，根据分子速度分配定律，定会有其他分子获得了临界速度以上的速度，导致大气不断流失，很短的时间内，月球上的大气就会全部散光。

通过某些计算可知，星球上的平均分子速度为逃逸速度的$\frac{1}{3}$，那么短短几周内此星球上的大气就会消失一半。只有在平均分子速度不大于逃逸速度的$\frac{1}{5}$时，天体才能吸引住大气层。

曾经有人设想在人类踏足月球之后能将月球用大气包裹起来。然而这实在太难了，因为月球上大气消失是物理学法则下的必然[1]。

8. 月球有多大

要想说明月球有多大，就需要说明月球的表面积、直径以及体积。然

---

[1] 1948年莫斯科天文学家利普斯证明了月球上有非常稀薄的残存大气，其总质量为地球大气的十万分之一。后经现代测量学证实，月球大气密度小于等于地球大气密度的一百亿分之一。——译者注

而，这并不是最好的办法，因为看到一串数字的确不会对"月球有多大"有一个直观的印象，所以最好还是用比较法进行更加形象具体的说明。

现在比较月球和地球大陆之间的差别，如图38。用这幅图表示出来后，比直接说地球表面积是月球的14倍要直观得多。或者，根据实际情况，我们得知月球的表面积只是略小于南北美洲加起来的面积，而地球上所能看到的月球表面面积大约等于南美洲的面积。

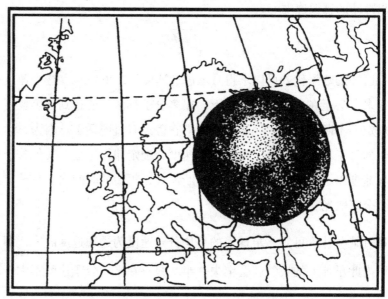

图38 月球和欧洲大陆的比较
（但我们不能由此得出结论，以为月球的表面积比欧洲面积小）

之后来用同样的方法告知人们月球上的"海"究竟多大。于是，可按照图39，将地球上的里海和黑海等比放到月球上去。这样便能非常直观地表现出月球上的"海"的大小。根据这张图我们发现，虽说相对月球而言这些"海"的确很大，但是跟地球比起来还是小了，面积170 000 km²的澄海仅有里海的 $\frac{2}{5}$ 。

不过比起这些"海"的渺小，月球上的环形山的的确确非常庞大。比如格利马尔提环形山，它环抱的月面甚至比贝加尔湖还要大，能够将比利时或者瑞典这样国土比较小的国家彻底包裹起来。

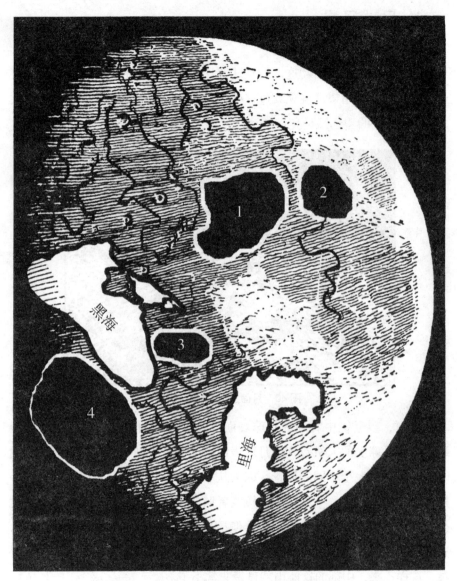

图 39 地球上的海和月球上的"海"的比较:
把黑海和里海移到月球上去的话，会比月球上所有的"海"都大
(图示: 1——云海; 2——湿海; 3——汽海; 4——澄海。)

9. 月球风景

我们经常见到如图40这样的月球照片，对这些环形山都非常熟悉，甚至可能还有读者用望远镜观察过这些环形山了。这里需要的望远镜不需太大，3 cm直径的望远镜足矣。

图40 月面上典型的环形山

然而，望远镜中看到的月球表面以及照片中的月球表面都无法完美还原站在月球上的人所看到的月球表面，当一个人站在月球去看月球表面时，他将看到完全不同的风景，因为从非常高的高处和从近处看到的同一样物体却并不相同。假如从望远镜或者照片中观察爱拉托斯芬环形山，就会发现环形山中间还有一座高山。但是当我们站在月球去看它时，会认为这座山其实很矮（如图41），因为其所在的环形山非常大，并且还存在斜坡，这样一来，中部的这座山就显得非常小了。

图41 巨型环形山剖面图

　　假如某人在环形山里边行走，那么环形山几乎就看不到了，因为这座环形山直径相当于拉多加湖到芬兰湾的距离，而我们在月球上能看到的地平线范围非常小。现在计算一下。设地平线距离为D，眼高h，地球半径R。于是地平线距离公式为：

$$D = \sqrt{2Rh}$$

将数据代入该式可得：

地球上的地平线距离为4.8 km。

月球上的地平线距离为2.5 km。

　　对比后发现，地球的地平线距离约是月球的2倍。图42中展示的是一个名叫"阿基米德风景"的环形山，这是站在环形山中间的人所看到的景色。从这幅图中我们可以看到，这里是一片非常大的平原，在平原的远方有连绵不绝的山脉，一点都不像我们所想象的那种环形山。在环形山内如此，在环形山外也是如此，环形山外边的斜坡斜度很小，导致看上去根本就不像是山，只能算是丘陵。只有越过这些丘陵，才能看到环形山中的盆地，然而当站在月球上的某人越过丘陵之后，他依然看不出哪里是山。

图42　置身于月面上巨型环形山中央所见的景物

　　不过，月球上不只有环形山，还有一些小的环形口，即使距离很近都能看得出是什么，并且也没什么特别的地方，当然，除了名字。这些环形口和地球上的山有一样的名字，比如阿尔卑斯之类，这些山也确实能和地球上的山比高低，最高也能达到七八千米。地球上的山看起来已经非常高大了，这些月球上的山由于月球较小，相对而言就显得更大了。

月球没有大气，所以看到的物体阴影清晰可见，望远镜下便能看到很有趣的现象：凹凸不平的地方将会显得更加凹凸不平。举个例子，你若将

图43 半颗豆在光线斜照下投射的长影

豆子放在桌子上，其实并不是特别凸出，但是在光线斜照下它的影子却能像图43中那样长，月球也是同理，日光侧面照到月球表面，物体的阴影甚至会是物体本身高度的20倍。这种特性对于天文学的确有帮助，比如可以借助望远镜找出高度仅为30 m的物体。但是，这也有弊端，因为会将月球上的东西想象得太过巨大，比如派克峰。

如图44，这一山峰在望远镜下轮廓很清晰，看上去非常险峻，人们也一直认为它真的很险峻。但是在月球表面观察，派克峰却呈现出图45的样子，显得非常平缓。

图44 派克峰在望远镜里显得非常险峻

图45 在月面上看来，派克峰很平缓

当然，派克峰只是其中一个例子，这种环境还会使我们低估月球表面的一些特殊地形，比如沟堑、直壁以及裂口。这些沟堑在望远镜中仅仅像是个狭小的缝隙，展现出一副微不足道的样子，但是如果站在月球上近距离观察就会发现，它们非常深并且非常长，能够从自己所在位置一直延伸直到看不见为止。这些直壁也是一样，我们望远镜中看到的只不过是图46那样的状况，根本不会

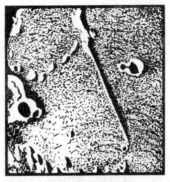

图46 望远镜里所见到的月面上的"直壁"

认为这些直壁会有300 m高。但当我们站在直壁下方，我们就会感受到直壁的可怕高度和长度（图47），它的长度甚至能达到100 km。

最后，在望远镜下看到的小裂口实际却是巨大的洞穴（图48）。

图47 站在直壁脚下见到峭壁

图48 在月面裂口附近所见到的情景

10. 在月球上仰望天空

和蓝色不同

地球人来到月球，应该将会对三件事报以惊讶的态度，其一，便是月球的天空。

月球的天空中星星众多，阳光强烈，并且由于月球没有大气，导致月球的天空呈现出最纯正的黑色而非地球天空的那种天蓝色。关于大气的这一点，法国天文学家佛兰玛理翁曾经做出过描述：

澈蓝的天，淡红的晨，昏黄的晚，迷人的沙漠，朦胧的田野和草原以及倒映着蓝天的明镜湖水，等等这一切都来源于包裹地球的大气。如果没有了这层大气，这些都将不复存在：天空将是一片黑暗，美妙的日出和日落被突然的昼夜交替取代，阳光也不再柔和，没有阳光的地方也将漆黑一片。

就算仍然拥有大气，但是当它变得稀薄，天空就不会那么蓝了。这一点已经经过了证实，苏联"自卫航空化学工业促进会"号平流层飞艇在21km的高空看到的天几乎已是黑色的了。当然，佛兰玛理翁所说的那些话也的确是月球的真实写照，天空一片黑暗，没有晨曦和晚霞，并且有的地方非常明亮，有的地方漆黑无比。

月亮上看地球

地球人来到月球，应该将会对三件事报以惊讶的态度，其二，便是头顶的地球。

当宇宙旅行者来到月球前，地球本来在他们的脚下，但是当他们来到月球后，却出现在他们的头顶。这多多少少让人感到惊奇。当然，宇宙中可没有真正的上与下之分，所以也不必对这一幕感到惊讶。

其三，便是头顶这个地球的大小了。

在月球看到的地球是一个非常庞大的圆面，角直径非常大，是我们在地球上看到的月球的4倍。众所周知，某些夜晚月光会非常明亮，同样的，由于地球圆面角直径特别大，并且地球反射光的能力是月球的6倍，导致它非常明亮，比地球上所能看到的最明亮的月球还要亮。综合推论，地球的亮度是满月亮度的90倍[1]。如果地球上的夜晚称为"月夜"，月球上的夜晚则可称之为"地夜"了，在这样的夜晚，能够看一些字体很小的文字读物。

月球是如此的亮，使我们在400 000 km外仍能看到太阳没有照到的部分朦胧的亮光，那么在没有大气的阻挡，又是90倍的这种亮光下，我们能够看到怎样的情景？这个答案，就是我们在月球上所看到的"地夜"的景色。

之前，很多人认为我们从月球观察地球就像在观察一个大号的地球仪，画家们在描绘这样的情景时也会将地球化成地球仪那种样子：大陆，海洋以及南北两极的冰川。然而事实并非如此，在外太空观察地球根本看不出那么多的细节。由于地球本身有大气层包裹，这些大气又会将照射到地球上的太阳光漫反射，导致地球和金星一样只会发光而无法看到细节。普尔科夫天文台的天文学家季霍夫曾经在研究这一问题之后这样写道：

太空中看到的地球只是一个苍白的圆面而已，细节什么的一概看不清。那些照射到地球表面的太阳光还没照到地面就被漫反射到太空去了，那些有幸照到地面的光线又会被地面漫反射，这样两次漫反射下来光线就所剩无几了。

于是，月球和地球有两个不同的风格，月球是将它的表面展示给别人，但是地球却将表面仔细地掩盖了起来。当然，这是由于月球没有大气

---

[1] 月球上的土并非白色而是黑色，但是这并不影响月光呈现的颜色。在一本关于光线的书中，丁铎尔曾这样写道："即便是从黑色物体上反射出的太阳光，依然还是白色。就算月球被黑丝绒覆盖，我们看到它时它依旧会像个银色圆盘一样。"月球土壤反射光的能力基本等同于潮湿的黑土，这里，黑暗的地方漫反射后的光也只比维苏威火山岩浆漫反射后的光稍弱。——译者注

层而地球有大气层的缘故。

不过这还不是月球和地球的唯一区别，在地球看到的月球和太阳一样会东升西落，但是在月球看到的地球却始终和月球保持相对静止，而其他的星体都在地球后边缓慢移动着。这一现象的成因正是我们前边提到的，月球的某一面总会面向地球，于是在这个面向地球的月面观察，地球自然是会静止不动，如果地球处于某个环形口上方，那它就一直处于这个环形口上方；如果地球处于地平线上，那么就一直处于地平线上，也就是说，地球的位置和你在月球的位置直接相关，只有月球的天平动，才会使位置稍微改变。

在月球上看来，除了地球之外，星空会在地球的"后方"缓慢移动，$27\frac{1}{3}$ 个地球昼夜转一圈，而太阳则是 $29\frac{1}{2}$ 个地球昼夜转一圈，单单一个地球岿然不动。

不过，地球也仅仅是相对月球岿然不动了，它自身也在不停自转。假设地球没有大气，地球将成为月球上人们的大钟表。

不仅如此，在月球上看地球和在地球上看月球有一个相同点，就是都有位相变化。在月球看到的地球并非一成不变的圆形，有时类似大半圆或半圆，有时类似新月，或宽或窄。在这里，地球的"形状"取决于这被太阳照亮的部分地球有多少朝向月球。如果将地月日三者的位置关系画出来，就能很容易得知：地球和月球的位相正好相反。

当地球上看到朔月的时候，月球上正好看到"满地"。而当地球上看到满月，月球上应当看到"朔地"，也就是一个发光的圆环（图49）。当

图49 月球天空的"朔地"。这时候，地球圆面中央是全黑的，四周有个由发亮的地球大气所形成的明亮的圈

地球上看到蛾眉月时，月球上将看到一个残缺了一点的地球，而这残缺的部分和蛾眉月宽度相同。只不过，地球的相位由于大气层的缘故而变得稍微模糊一些。

虽说朔月时月球位于太阳上下，但是由于阳光遮蔽了朔月那条非常细的边缘，导致我们并不能真正看到上边所说的朔月，当看到它时，它已经距离太阳很远了。春天时，有极少的时候能在1天之后看到。相比之下，在月球看"朔地"就非常容易了，月球上没有大气层，不会漫反射太阳光，恒星和行星都不会淹没在太阳光中，就算位于太阳边上，也还是会看得很清晰。所以说，只要月球没有出现日食，地球就总会呈现出狭窄的模样，并且其两个尖端会像图50那样背向太阳。此时地球逐渐左移，两个尖端也会跟着左移。

想要观察这种现象，只需要一架望远镜即可。满月时由于人眼并不位于月日中心线，导致此时的月面并非完整的圆而是

图50　月球天空中的"新地"，位于下方的白色圆面就是太阳

会稍微少了一缕，这少掉的一缕会随着月球的右移而向左，并且，由于地球和月球上观察到的现象刚好相反，于是我们在月球上将能看到弯弯的"新地"。

上边我们提到，地球并非一直处于相对静止状态，由于月球的天平动，导致其在一个位置来回摇摆，南北之间为±14°，东西之间为±16°。这样一来，地平线附近的地球就会看似落下却又升起，看似升起却又落下，来来回回，形成图51那样奇怪的轨迹。这一循环会持续很多个地球昼夜，这时的地球只会在地平线的附近来回运动，并不会绕过整个天空。

月球上的日食和"地食"

月球上的日食不同于地球上的日食，它更加的令人难忘。前边也提到过，当月球上出现日食的时候，就是地球上出现月食的时候，这时地球位于太阳和月球中间，月球进入地球的阴影中。看过月食的人都知道，这时的月球并非什么也看不到，因为它在被地球阴影中的一种樱红色光线所照

射。在地球上可能看不出为何会这样，但是如果在月球上看就会明白其中道理了，挡在月球和太阳中间的地球外层包裹着紫红色边缘，正是这些边缘照亮了黑暗中的月球，如图52。除此之外，月球的日食比地球上的日食持续时间要长很多，地球上的日食可能就只有几分钟，但是月球上的日食会持续几个小时。

图51　由于月球的天平动，地球慢慢地从月球的"地平线"出现又消失。
虚线表示的是地球圆面中心所经的路线

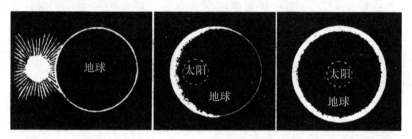

图52　月球上的日食过程：太阳逐渐走向固定悬挂在月球天空的地球后面

　　说完日食再来说"地食"。这可能是各种"食"中最短暂的一种，在地球发生日食的时候出现。此时如果位于月球，可以看到地球面上出现一个移动的黑色阴影，这个黑色阴影就是月亮的投影，地球上位于黑色阴影区域的人们能够看到日食。

　　这里值得一提的是，地球上的日食别的地方很难见到，因为这要求地球到月球的距离和地球到太阳的距离之比非常接近月球直径和太阳直径之比。

11. 日月食的用处

上一节中我们提到地球到月球的距离和地球到太阳的距离之比非常接近月球直径和太阳直径之比，而正是因为此，月球的影子才会像图53中那样刚好到达地面。虽然经证实月球出现的影子长度要比地月间平均距离小，但是由于月球绕地球的轨道有偏心率，导致月球到地球间距变化不一，最远为399 100 km，最近是356 900 km，也就是说并非真正的圆形，于是我们能够经常看到日全食而不是永远看不到。

如图53，月亮的影子在地面上划出了一条"日全食地带"，在这条地带内的人才能够看到日全食。

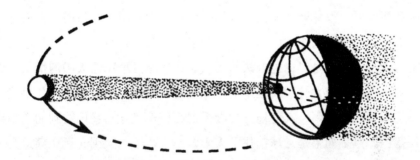

图 53　月影的锥尖划着地球的表面，锥尖划到的地方便是能够看见日食的地方

这个"日全食地带"很窄，大概都不到300 km宽，并且由于日全食时间太短，以至于成了一种少见的景观。对于某个地区来说，要两三百年才会出现一次。

科学家们都在追逐日食，并组织各种队伍去能够看到日食的地方考察。就算这些地方非常遥远，他们也不会停止脚步。比如，1936年6月19日，那次的日食只有在苏联境内才能看到，于是大批的科学家为了这两分钟的日食不顾路途遥远来到了苏联，一共有10个国家的70名科学家入境。然而，看到日食的确是件不容易的事情，10个国家组成的科研队伍中，有四个队伍因为天气原因而遗憾地没能看到日食。苏联本土发生日食，自然是苏联的科学家居多，这次苏联的科研队伍将近30个。

1941年，日食出现在拉多加湖到阿拉木图之间的日全食地带，虽然此时苏联正处于战争状态，但是仍然组织了一大批人在日全食地带驻扎。

相比日食而言，月时的次数只有日食次数的 $\frac{2}{3}$，不过却经常观测到。这一点非常容易理解，因为日食只出现在月球遮挡住太阳的那一小部分地区，而月食却并非如此，只要能看到月亮，那么就能看到月食，月球发生的变化也是同时进行的，在哪里都能观察到，只是由于各个地方时区不同，导致了时间的不同。

所以说，科学家们并不会为了看月食而长途跋涉，因为月食自己会出现。然而日食却不会，他们需要到热带海岛，或者极西极东的地方，就是为了观察月亮将太阳挡住的那一小段时间里的现象。然而，为了日食而长途跋涉到底值不值呢？太阳在晴朗的白天可是无时无刻不在天上的，我们直接观察即可，没什么必要在日食的时候观察吧？况且，只需要在望远镜中用不透明的圆片遮住太阳即可人工制造"日食"，就可以省去长途跋涉的高昂费用了。但是，这种方法并无法真正还原月球挡住太阳的情景，因为太阳光线在地球大气层被漫反射，我们看到的是蓝色的天空，如果我们用黑色圆片挡住太阳，其他地方的漫反射光仍然存在，我们看到的天空仍然是蓝色。但是如果是月球挡住了太阳就不一样了，太阳光无法穿过月球到达大气层，虽然仍有一部分被月球阴影外的大气层漫反射而进入月球阴影，但是至少天空将不再是蓝色，还能够看到最亮的星体。

观察日食的时候都需要观察些什么？

第一，他们要观察太阳外层"反变层"的光谱线。在一般情况下太阳光谱线位于一条非常明亮的光谱带上并呈现暗色，然而在日全食出现几秒之后这些暗色光谱线就将变成明线，由吸收光谱变成了发射光谱"闪光谱"，这是可供我们研究太阳表面性质的宝贵资料。这种现象在日食的时候更容易观测，看得更清晰，以至于科学家们都会在日食时观察这个。

第二，研究日冕。日冕是一种包裹在日珥围绕的黑色月面周围并能够在不同时期呈现不同大小形状的珠光，其长线可以是太阳直径的几倍，不过，它的亮度一般很低，约是满月的一半。不过，也有不一般的情况，比如在1936年的那次日食，日冕的亮度甚至超过了满月，这种情形非常少见。如图54便是日冕，它的光线能有太阳直径的几倍长，并且呈五角星形状。而日冕的中心自然是黑色的月面。

图54　日全食的时候，位于黑色月面周围的日冕

这种现象的性质现在还没有清楚地发现，不过天文学家正在致力于借助日全食来对它进行拍摄取证并且研究亮度以及光谱，以此来弄清楚它的物理性质等。

第三，验证相对论。相对论中指出，星光在太阳附近会因引力而发生偏转，太阳附近的星辰位置观察时也会如图55那样有所偏移。在日全食的时候可以验证这个观点是否正确。然而，1919、1922、1926、1936这四年里的日食测量数据并没有解决这个问题，于是在相对论中的这一条到现在为止还是无法证明[1]。

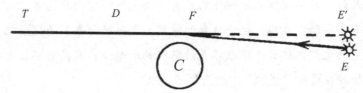

图55　相对论的推论之一。光线在太阳的强大引力下会发生偏折。按照相对论，站在地球上 T 点的人沿着 $TDFE'$ 这条直线，看见星在 E' 处，可实际上，它应当位于 E 处，它的光线沿着 $EFDT$ 投射到地球上来。当太阳不处于 C 的时候，星光是沿直线 ET 射向地球的

上述这三个方面是天文学家们梦寐以求想要知道的事，正是这些事让他们不顾一切地去到很远甚至很危险很恶劣的地方去观察日食。

除了天文学，文艺作品中也有很多关于日全食的描述。柯罗连科的

---

[1]　其实光线偏移这一点已经得到证实，只是偏折多少这一点仍然无法和相对论匹配起来。米哈伊洛夫教授曾经做过一些观测并得出了结果，他的结果表明相对论中的这一条应当和现象之间做出某种修正。——译者注

《日食》一书中就记载了1887年8月发生在伏尔加河附近耶韦茨城的日全食，并对其做出了精彩的描述（有删减）：

"当太阳从一大片斑状云中出现的时候已经缺损了一大块……

"现在的太阳能够直接去看它了，原本耀眼的太阳光也在轻雾的作用下变得柔和。

"此时四周特别安静，仿佛能够听到某处传来的沉重的呼吸声……

"半个小时之后天色才恢复正常，空中的云偶尔会遮住天空中和弯月差不多的弯弯太阳，偶尔又会消失无踪。

"年轻的人们很好奇，很兴奋。

"老头儿们叹气，老妇人们疯狂叹气，还有的像牙疼似的大喊大叫。

"天色明显黑了下来，此时的人们脸上只有恐惧，地上的影子也开始逐渐模糊。开往下游的船只也变得不怎么清晰起来，没有了平常的美感。然而，虽说世界在慢慢黑暗，但却没有平常黄昏时的那种浓重黑暗，也没有低层大气中的'回光返照'，非常像是一个诡异的黄昏。这个时候的景色变得难以分辨，看上去，绿草失去了颜色，高山也如同失去了重量。

"此时，就算变弯的太阳还仍然有一缕，整个空间就还是'白天'，只不过非常昏暗。我想，也许日食的时候天色黑暗是夸张的说法吧，这个一轮弯弯的太阳，这么一根很容易被忽视的小蜡烛，真的有那么重要吗？夜晚真的会在这根'蜡烛''熄灭'后到来？

"然而我错了，那仅剩的光芒也消失了，非常突兀地消失了，就像黑暗中的炉火迸发出的火花，闪了一下之后便即消失不见。它熄灭了之后，黑夜便立即来临，笼罩整个大地，就像一张大床单，先是遮盖了南方，之后向北，沿着山河田野统统包裹了起来。我没有说话，站在河边看着我身后的人群，他们也没说话……人群聚集，成了一大片黑影。

"这个'夜晚'实在是非同寻常，因为实在是太亮了，人们也不断地寻找能够将光芒带给夜色的月亮，然而却并不能找到月光，也并不能找到黑影。这时，天空中好像有一张近似透明的最薄的网罩在天空，又有细小的粉末纷纷扬扬撒落，并且，天空的高处好像有亮光，使得浓重的黑色变得稍微稀薄了些许。这些美丽的景色上方是漆黑的云彩，云彩本身似乎在飞速运动，里边似乎还有东西在争斗……那些争斗着的东西类似蜘蛛，它们是圆的、黑的，充满敌意地抓住了太阳并和它一同奔跑在云中。

"种种这些奇幻的景色，在云彩后边的光彩衬托下如同活了一般，同样的，云彩本身也像是在无声地飞速奔跑。"

然而对于月食，科学家们并不像对待日食那样狂热。

不过，祖先们曾经从月食的某些现象推断出了地球是圆形的，这个推论对于麦哲伦的航行是非常有意义的：他们在大海中航行时，由于过了很长时间还是没有看到陆地，让水手们产生了绝望的情绪。他们觉得已经没有回头路了，四面都是水。然而，麦哲伦本人并没有气馁，也没有绝望。他的一位同伴曾说："教会说到圣经中指示，我们生活在一个四面都是水的大陆。然而，他（麦哲伦）却坚信我们脚下的土地是圆的，因为月食的时候投射出的阴影是圆的。"在古代天文学的图书中我们发现了图56，这幅图可以看出那个时候就已经得知从月球阴影判断地球形状的方法了。

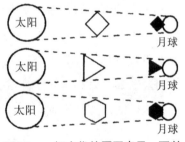

当然，今天的我们已经不需要用这种方法了，不过月食仍然能让我们根据月球的亮度和颜色分析出地球大气层上部的一些结构。由于月食时月球并非完全看不见，而是会因为被漫反射到阴影区域的太阳光而稍微被照亮，这个时候的月球亮度以及月球颜色是天文学家非常乐于研

图56　一幅古代的图画表示，可以从月面上地球阴影的形状推测出地球的形状

究的，并且真的研究出了结果，证明这些和太阳黑子的数目有关。除此之外，月食还在近期被用于测量月球表面在没有太阳光照射之后的冷却速度（这一点之后仍会提到）。

12. 18年一次的日月食

古代巴比伦人曾发现了"沙罗周期"：即日月食经过18年10天才会出现一次，这个周期的发现是他们观察天象后的结果，他们也使用这个"沙罗周期"来推测日月食的出现。但是，人们不明白这个周期为何是这个数字，不过，在发现"沙罗周期"的很久之后，人们在观察了月球的运动之后才明白为何会这样。

月球的公转周期取决于月球公转一周的终点，现在天文学家普遍认为有五种"月"，但是其中有两种是比较感兴趣的。第一种是朔望月，这一段时间内，在太阳上看确实是月球绕地球运行了一周，是从一个朔月到另一个朔月的时间间隔，为29.530 6昼夜。第二种是交点月，月球从地球公转轨道和月球公转轨道的"交点"公转一圈后再次回到"交点"的时间是27.212 3昼夜，这个间隔就为交点月。

不难理解，我们观察到日月食的时候只在朔月或者望月正好处在"交点"，也就是地月日的中心连线是一条直线的时候才发生，那么我们可以说，当发生日月食后，下一次日月食发生的时间定然是朔望月和交点月时间的公倍数，只有这样才会重新满足日月食的条件。

这样的计算并不难，只是数有些复杂：

$$29.530\ 6x = 27.212\ 3y$$

由于此时x、y均为正数，则有$\dfrac{x}{y} = \dfrac{272\,123}{295\,306}$，于是：

$$\begin{bmatrix} x = 272\,123 \\ y = 295\,036 \end{bmatrix}$$

然而，这种方式解答出来的数字太过巨大，已经是几万年了，所以这一数字没有什么意义，我们需要找这个数字的近似值。于是我们采用带分数的形式得：

$$\frac{295\,036}{272\,123} = 1\frac{23\,183}{272\,123}$$

之后用剩余分式的分子除以这个剩余分式的分子分母得：

$$\frac{295\,306}{272\,123}=1+\frac{23\,183\div23\,183}{272\,123\div23\,183}=1+\frac{1}{11+\frac{17\,110}{23\,183}}$$

之后用 $\frac{17\,110}{23\,183}$ 分别除以17 110，依次类推，得到：

$$\frac{295\,306}{272\,123}=1+\cfrac{1}{11+\cfrac{1}{1+\cfrac{1}{2+\cfrac{1}{1+\cfrac{1}{4+\cfrac{1}{2+\cfrac{1}{9+\cfrac{1}{1+\cfrac{1}{25+\cfrac{1}{2}}}}}}}}}}$$

如果升到后边的一部分，则可以依次得到下边几个分式：

$$\frac{12}{11}，\frac{13}{12}，\frac{38}{35}，\frac{51}{47}，\frac{242}{223}，\frac{535}{493}……$$

到第五个分式的时候已经非常精确，于是我们可用其作为最终结果。那么 $x=223$，$y=242$。此时日月食重复周期即为223个朔望月或者242个交点月，约是6 585昼夜，即18年零11.3天或者18年零10.3[1]天。这正是"沙罗周期"。

到这里，我们已经想象到它的精确度了，因为它被规定为18年零10天，以至于每个周期都少了0.3天，差不多是8个多小时。如果再经过两个这样的周期，相差的时间可能就是1整天了。除了这个四舍五入外，"沙罗周期"并没有计算地月距离和日地距离的周期性变化，以至于使精确性再次受到影响。于是，根据这两个条件推断，沙罗周期虽然可以让我们知道哪一天会发生日月食，但是日月食的情况却无法得知，比如是偏食还是全食、环食等一概不知，并且也不能得知看到了日月食的某地下个周期还是否会看到日月食。

不仅如上边所说这样，还有可能在一个周期后确实发生了日月食，但是偏食的情况特别难以观察到，或者某个时间出现了一次小型日全食，然而在一个周期之前并没有观察到。

因此，现在这个"沙罗周期"已经停止使用了，因为现在的我们对月球的运动了如指掌，日月食的出现时间也不再是精确到某天，而是精确到

---

[1] 这一点要看这个周期里有 4 个还是 5 个闰年。——译者注

了秒。当然，这个计算也不可能会被认为是错误的，比如在预测的时间没有观测到日月食，人们只会去寻找其他方面的原因。儒勒·凡尔纳在他的《毛皮国》一书之中也曾给出过这方面的暗示：某个为了观察日食而去到了北极的天文学家在指定时间到达指定地点后并没有观察到预想的日食，于是这位天文学家便对其他人说，想来这块地方是浮冰而并非大陆，已经随着水流移动到了日食出现区域以外。他并没有怀疑是预测的时间和地点出了问题。

事实证明，他是对的。

13. 可能的不可能事件

有人曾说他们曾在月食时看到地平线处的，位于出现月食的月亮另一边的太阳。

这听上去十分不可思议，但是在1936年7月4日的一次月食中就曾出现过这种现象。当时一位读者还曾经写信给我告诉我当时的情况。他说："月亮是在20点31分出来的，之后发生了月食。但是当时太阳并没有落山，太阳和月亮都在地平线以上，20点46的时候太阳才落山。要知道光是直线传播的，那为何会这样呢？"

仔细想想就会觉得这件事很不可思议。当然，我们不会去像捷克女郎那样相信"只要用烟熏玻璃就能看到太阳和月球中心连线"，但是在这个位置画出一条想象中的线完全可能，那么当地球没有在月日之间的时候还会发生月食吗？

其实没必要大惊小怪的，这种情况完全有可能发生，因为地球拥有可以折射的大气层。前边某节曾经讲过，因为大气层的折射作用，导致天体的实际位置比我们看到它的视觉位置要低一些，所以这个时候的太阳的确已经沉入了地平线下，但是它的视觉位置还没有沉入地平线，于是我们就看到了这样的"奇观"。

佛兰玛理翁曾就这一点说："1666年、1668年、1750年的日食时这种诡异现象被认为是最明显的。"当然，关于这个现象根本不必追溯到17世纪，在1877年的2月15日，巴黎的月亮升起时间和太阳落山时间均为下午5点29分，然而这时情况跟那个读者所见的情况如出一辙：太阳还没有落山，月全食就已经开始了。除此之外，在1880年12月4日，同样在巴黎发生了月全食，月亮在4点升起，升起的时候月球已经位于地球的阴影中央了，因为这天月全食的开始时间为3点3分，复原时间为4点33分。然而，这天的太阳落山时间是4点2分。当然，如果没有见到过这种情况，就是由于观察的次数太少。一般情况下，如果想要看到这种情况，只需要位于能在地平线附近观察到月食的地方即可。

14. 日月食的一些常见疑惑

其一，日月食的持续时间是多少？

其二，日月食在一年之内可能发生多少次？

其三，有没有不发生日月食的年份？

其四，苏联境内即将来临的最近一次日全食会在什么时候？

其五，日食的时候日面上的黑色月影将会左移还是右移？

其六，月食从左侧开始还是从右侧开始？

其七，如图57，为何日食的时候树叶影子的光点都是月牙形？

图57　在日食尚未达到食尽阶段时，树叶影中的光点是月牙形的

其八，日食时的月牙和蛾眉月有何形状上的区别？

其九，为何观察日食需要烟熏玻璃片？

现在我们来解释这九个问题。

其一，日全食在赤道地区的持续时间最长，为7分30秒左右，高纬度地区持续时间比这个短一些。整个日食过程同样是赤道地区的持续时间最长最长，为4小时30分左右。整个月食最多持续4小时，月全食的持续时间不超过1小时50分。

其二，一年之中日月食总次数在2和7之间，不低于2，不超过7。1935年就在一年内出现了7次日月食，其中日食5次，月食2次。

其三，日食是每年都有的，并且不会少于2次。但与此不同，没有月食的年份经常有，每隔五年就会有一年没有月食。

其四，苏联境内的最近一次即将到来的日全食将出现在克里米亚、西伯利亚以及斯大林格勒[1]，时间是1961年2月15日。

其五，北半球，日食开始于太阳右侧，而在南半球则开始于太阳的左侧。也就是说，在北半球月影左移，南半球月影右移，如图58。

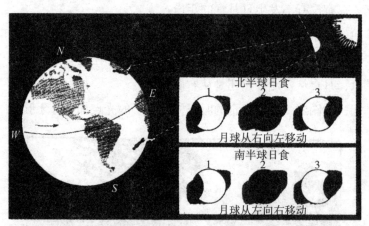

图58　日食时，日面上月影的移动。在北半球的观察者看来是从右向左，而南半球的人看来却是从左向右

其六，在北半球，月食开始于月亮左侧，南半球则开始于月亮右侧。

其七，根据小孔成像原理，树叶影子的光点呈现的是太阳的像，日食

---

[1]　现为伏尔加格勒。——译者注

时太阳呈现月牙形，其像自然也是月牙形。

其八，蛾眉月突出的一侧为半圆，另一面是半椭圆。而日食时的太阳则是两边都为相同半径圆的两道弧线。

其九，因为就算太阳被月影遮住了，但是用眼睛直接去看还是不行的，因为日光会灼伤视网膜，造成视力的永久下降。

诺夫哥罗德的一位编年体作家在18世纪初写过一句关于此的话："城中，有人因为日食而失去了视觉，永远。"这后果确实很严重，但是要预防也很简单，那就是使用被烟熏黑的玻璃片来观察太阳。这玻璃需要用蜡烛来熏，并且厚度要适中，使我们在透过它观察的时候能够看到太阳的轮廓，排除光芒以及光晕。并且，还可以将另一块干净玻璃盖在被烟熏黑的一面并用纸将四周包起。由于我们不知道日食到底有多"亮"，所以最好多预备几种熏成不同程度的玻璃片。

当然，预防伤害眼睛的方法可不仅仅这一种，用黑色比较适当的相机底片也可以达到良好的效果，或者用两块互补色的玻璃叠加起来也能达到同样效果，而普通的太阳镜是不行的。

15. 月球的天气

准确说来，由于月球上没有大气，所以月球上应该是没有狭义"天气"的。但是，广义的"天气"还是有，比如月球土壤的温度。科学家目前拥有一种可以测定天体或者天体某个部分温度的仪器，利用这个仪器自然能够测出月球土壤的温度。此仪器根据热点现象原理设计，将两种不同金属焊接成导线，由于金属的导热性能不同，两个焊点必定有一点温度相对高有一点温度相对低，此时在导线中将出现电流，而电流的大小取决于焊点间的温度差。于是想要求合成的金属导线吸收的热量，只需要测量其中的电流即可。

这种仪器小而简单，有效部分仅有0.2 mm长，0.1 mg重，但是非常灵敏，能够测量13等星传导出来的热量，并升温0.000 000 1℃。其实不借助这个仪器，我们用肉眼根本无法看到，因为其亮度只有肉眼能看到的最弱光线的$\frac{1}{600}$，想要测出它的热量，就和测量几千米外一支蜡烛的热量一样困难。然而这种仪器却能测量它，只需要将它安装在望远镜中月球成像的各个部分，使之吸收月亮接收到的热，如此便能将月球各部分温度测量出来并精确到10℃。

如图59即为该仪器测量出来的结果，结果显示，满月中心温度约为110℃。普通气压下，这种温度时的水会沸腾。某天文学家曾经写道："月球上的任何一块岩石都可以做火炉，于是我们并不需要用真正的火炉来做饭。"月球从中心点向外的温度变化是均匀的，各个方向上程度相同，但是唯有一点，从月球中心点到月球表面，温度变化幅度并非一成不变，而是会由缓至急。在距离月心2 700 km的地方，温度仍然有80℃，但是从这里开始，越靠近月球表面，温度下降的幅度就越大，之后在月球表面附近温度已经低至-50℃，甚至，在太阳无法照到的一侧能够达到-153℃。

前边的章节中我们曾经提到，月球在无法接收太阳光时将快速冷却，只是不清楚具体的速度而已。现在我们来看一看它的冷却速度。

根据资料得知，在某次月食时，月球表面温度在1.5~2个小时的时间内从+50℃骤降到了-117℃，也就是产生了约200℃的温度差。然而在日食时，地球的大气能够保存被晒热的地面散发的热射线，所以地球的温度变化不过2~3℃而已。

由此可见，月球的比热容十分小，传热性也不怎么好，于是就算被太阳照射，也积累不了多少热量。

图59　月面的温度，中央部分达到110℃，靠近边缘的时候迅速递减，边上已降低到-50℃

第三章

行　　星

1. 白天的行星

白天能否看到行星呢？用望远镜的话自然是可以，天文学家观察时经常选在白天，虽说白天不如晚上看得清楚，但是用中等望远镜也就足以做到了。白天的时候，通过10 cm目镜的望远镜不仅可以看到木星，还能看到木星上多种多样的云状带；白天的时候，由于水星在这段时间一般都位于地平线以上，所以观察水星更方便，如果太阳落山，水星出现的位置就会非常低，众所周知，地球的大气层折射效果很明显，如果水星位置非常低，我们看到的图像就会被大气层影响。

不用望远镜的话，只要天气条件不错，我们还是能够看到几个行星的，最容易看到也是最亮的行星就是金星了。阿拉戈[1]曾经讲过一个关于拿破仑一世的故事，故事中说他非常苦恼，因为他的仪仗队在经过巴黎的街道时人们都忽略了他——人们都在看中午出现的金星。

其实，在城市的街头巷尾看到金星要比在旷野容易许多，因为街道上的建筑会挡住太阳的光，免去了因为阳光而使金星被忽略的情况。俄罗斯编写历史的人们曾经记载过这类现象，比如在诺夫哥罗德的编年史中就有提到"1331年某天的白天，天空出现圣迹，一颗明亮的星辰在教堂上空出现"。经过维亚托斯基和维尔耶夫的查证，确定诺夫哥罗德提到的"明亮的星辰"就是金星。

每隔八年就会出现一次能够最清楚地看到金星的白天，眼神比较好的人甚至能在白天看到木星或者水星。

于是我们难免要再次讨论行星的亮度了，某些非专业人士可能会纠结金星、木星和水星哪一个更亮，它们同时出现的话这个问题很好回答，但是如果它们分别出现就会很难判断了。现在我们将五大行星的亮度排序：

金星、火星、木星：亮度是天狼星的几倍。

水星、土星：亮度不及天狼星，但是大于其他一等星。

---

[1] 弗朗索瓦·阿拉戈（D.F.J.Arago）1786—1853，法国天文学家。——译者注

这只是个简单的比较，之后还将对此类问题进行详细说明。

2. 行星的符号

如图60，现代的天文学家用非常古老的符号来表示太阳、月亮以及其他行星，观察图60，月球的符号很好理解也很好辨认，但是其他的符号就需要解释一番了。水星的符号来源自神话中水星的保护神商业之神墨丘利的拄杖；金星的符号是维纳斯的手镜，代表着爱和美；火星的符号是战神马尔斯的矛和盾，他是火星的保护神；木星的符号来源于其保护神朱庇特，朱庇特的希腊名字为宙斯Zeus，于是木星的符号为Zeus第一个字母Z的草写；土星的符号是命运之神的传统属性"时间镰刀"的扭曲图像。这些符号从9世纪起开始使用。

当然，天王星、海王星以及冥王星的符号要晚很久，因为这三颗行星中最早被发现的天王星也是在18世纪才被发现。天王星的符号是在一个圆上画出一个H，以纪念其发现者赫歇尔Herschel；海王星的符号是海神波塞冬的三股叉；冥王星的符号是地狱之神普鲁托Pluto的前两个字母。

除此之外，还有地球和太阳的符号[1]。太阳的符号在几千年前就已经开始被古埃及人使用了。

下面是一周内各天的符号：

星期日——太阳符号

星期一——月球符号

月	球	☽
水	星	☿
金	星	♀
火	星	♂
木	星	♃
土	星	♄
天	王 星	♅
海	王 星	♆
冥	王 星	♇
太	阳	☉
地	球	♁

图60 太阳、月亮和行星的符号：从上到下依次为：月球、水星、金星、火星、土星、天王星、海王星、冥王星、太阳、地球

---

[1] 地球的符号一共有两种，据说某一种来源于大地之母盖亚，另一种是拥有一条经线以及赤道的球体。——译者注

星期二——火星符号

星期三——水星符号

星期四——木星符号

星期五——金星符号

星期六——土星符号

很多人不明白为何西方文学家使用这些符号来表示星期中的各天，不过如果将行星名称和各天的拉丁文或法文一起看，就会明白了[1]。法文中的周一名为lindi，也就是月球日；周二名为mardi，也就是火星日，等等。在此我们不过多讨论此方面的问题了。

除此之外，古代的炼金术士用某种金属来纪念某位神话中的神，于是同样用行星的符号来代表各种金属，比如：

太阳符号——金

月球符号——银

水星符号——水

金星符号——铜

火星符号——铁

木星符号——锡

土星符号——铅

最后，现代的植物学家和动物学家们也会用到行星符号：动物学家们用金星和火星的符号表示雌性雄性；植物学家们用太阳的符号表示一年生的植物，或者在圆上加两点表示两年生植物。并且，他们还用木星符号表示多年生植物，用土星符号表示灌木以及树木。

3. 无法画出的东西

有很多东西无法画在纸上，比如太阳系的精确平面图，也就是能够

---

[1]　中国同样有"七曜"之说,星期日为日曜,星期一为月曜,星期二为火曜,星期三为水曜,星期四为木曜,星期五为金曜,星期六为土曜。"星期"一词也是因此产生。——译者注

正确表现行星和太阳比例的图，因为这张图实在是太大了。那些在天文学书籍之中出现的"太阳系平面图"并非真正的太阳系平面图，它们只不过是行星的轨道图而已，若不对比例做出一些改变，根本无法在图中画出行星，因为行星的尺寸相对于行星间的距离来说非常之小，它们之间的比例很难想象。

为了方便理解，我们画出了行星和太阳按比例缩小后的图。当然，我们不可能真实地表现太阳系的尺寸，但是我们可以表示出太阳系中行星相对太阳的大小，如图61。

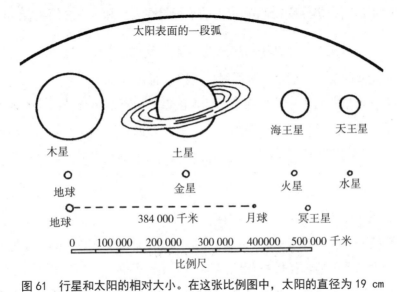

图61　行星和太阳的相对大小。在这张比例图中，太阳的直径为 19 cm

现在我们将比例尺调整为1:15 000 000 000（即1mm等同15 000 km），并用直径1 mm的别针针头表示地球。此时，我们得到的月球直径将是$\frac{1}{4}$mm，太阳的直径将是10 cm，大小和网球或者槌球类似；地月间距为3 cm，日地距离10 m。于是，我们可以将一根别针放在一间房子的某个角落，将一只网球放在相距10 m的另一角落，以此来模拟地球和太阳在宇宙的相对位置和大小。根据这个表示，我们发现，"什么都没有"的太空其实比物体占据的空间要大得多，虽说日地之间还有金星和水星，但是这两颗行星比地球还要小，放在这片空间里也就显不出什么了，如同两粒沙子掉落在二者中间而已。其中一粒的直径为1 mm，它距离网球7 m远，而另一粒为$\frac{1}{3}$ mm，距离网球4m远。

这个"太阳系"中，地球并非是距离太阳最远的，在地球的另一边还有很多细小的颗粒，比如距离网球16m处有一粒直径$\frac{1}{2}$ mm的沙子，也就是火星，火星和地球每隔15年就有一个时刻是相距最近的，这个时候二者相距4 m。火星还有两颗卫星，但是这些卫星根本无法表示在我们这个"太阳系"中，因为它们实在太小了，如果非要表示，只能用细菌代替。

除了这些，仍然有1 500颗以上的小行星在火星和木星之间绕着太阳旋转，这些小行星的大小几乎可以忽略不计，最大的直径不过$\frac{1}{20}$ mm也就是一根头发丝的直径，而最小的同样也是细菌的大小。

由于木星非常大，我们在这个"太阳系"中可以用直径1 cm的大榛子来表示木星，其和网球的距离是54 m。并且距离木星3 cm、4 cm、7 cm以及12 cm的地方有卫星中较大的四颗绕着它旋转，这些大卫星的直径差不多都是$\frac{1}{2}$ mm左右。当然，除了这四颗卫星，其他卫星的大小只能用细菌表示了。由于距离木星最远的卫星距离木星约2 m，于是我们可以发现整个木星系统的大小，其直径为4 m。这个数字比地月系的直径6 cm要大得多，但是比木星系统的直径104 m相比还是微不足道了。

从上边这些来看，我们真的不可能将整个太阳系画在画纸上，因为如果要画出土星就必须把土星放在距离太阳也就是那么网球100 m的地方，并且用直径8 mm的榛子代替。土星环宽4 mm，厚$\frac{1}{250}$ mm，内环距离土星表面1 mm。土星的9颗卫星基本散落在土星附近$\frac{1}{2}$范围内，直径不大于$\frac{1}{10}$ mm。

继续向远离太阳的地方构建"太阳系"，越向外，行星间距就越大，直径3 mm如同绿豆的天王星和太阳也就是网球的距离甚至达到了196 m，它甚至还有5颗几乎无法构建的卫星，分布在天王星中心4 cm的范围内。

距离太阳300 m处是同样用绿豆代替的海王星，它的卫星特里屯和海王卫二分别距离它3 cm、70 cm。不久前，海王星还被认为是在太阳系最靠外的行星，但是现在公认的太阳系最外围行星却是冥王星。它也并不大，直径约是地球的一半，在"太阳系"中位于太阳400 m。

虽说冥王星是太阳系最外围的行星，但是这不代表太阳系就以此为边界了，太阳系中仍然后很多彗星，它们中有很多是围绕太阳运动的，某些彗星的公转周期甚至达到了800年。公元前372年、1106年、1668年、1680年、1843年、1880年、1882年以及1887年出现的彗星公转周期都是这么长，在我们构建的"太阳系"中，每一颗彗星的轨道都是相当长的椭圆，当它距离太阳最近时可能只有12 mm，但是当它距离太阳最远时却能达到1 700 m，是冥王星的4倍。如果我们试图用彗星轨道来计算太阳系的大小，就须得将整个"太阳系"放大，使其直径为3.5 km才行。此时这一"太阳系"的占地面积达到了可怕的9 km^2，但是地球的直径却是1 mm，和曲别针的直径一样。

我们细数"太阳系"中拥有的比较大的东西，有：

1只网球；

2只榛子；

2只绿豆；

2只别针针头；

3只更小微粒。

虽然彗星数目众多，但是含有的物质实在太少可以忽略。或许可以称之为"可以看见却没有的物质"。

再次重申，经过上边的例子，我们发现一个完美比例的太阳系根本无法在一张图上画出来。

4. 水星的大气去哪里了

某些情况下，行星自转周期甚至和该行星有没有大气有关，比如距离太阳最近的行星水星。

　　经由计算可以得知，水星表面的重力完全能够使其拥有和地球大气成分类似但是稍微稀薄一些的大气，水星的逃逸速度为4 900 m/s，这个速度是地球上的分子所无法达到的，这一点可以看前文的第二章第7节"月球为何没有大气层"。但即便如此，水星上还是没有大气，因为水星和月球一样，其公转时几乎也是同一面面对太阳，其公转周期（88天）正好等于自转周期。也就是说，它的某一半永远是白天，另一半永远是黑夜。

　　由于水星和太阳的距离只有地球和太阳距离的$\frac{2}{5}$，导致太阳光的热度是地球的6.25倍，同时由于热量无法透过水星星体进行传导，于是在永远白天的那一面由于每天都接受日照而酷热难当，永远黑夜的那一面由于永远见不到阳光而终年严寒，跟宇宙空间的平均温度[1]（−264℃）相仿。昼夜相交的地方，有一条23°左右的小区域，这一段区域因为水星的天平动，偶尔能够看到太阳。

　　这种差异巨大的气候条件下，寒冷地带的空气最终都将化为固体，这也使得寒冷地带气压减小，从而使炎热地带的空气进入寒冷地带，周而复始，水星上的大气最终都会在寒冷地带凝结成固体，水星上也就没有大气了。这正是物理规律导致。

　　然而依据这一点去推测月球上没有大气的原因却是错误的，我们可以很明确地说，月球上的某一面没有大气，另一面也没有。根据这一点我们可以发现，威尔斯所著长篇小说《月亮上的第一拨人》确实只是幻想，因为该书中描绘的月亮拥有空气，在长达十四天的夜晚里化作固体，又在白天到来时再次变为气体，然而事实上这些情况并无法发生。霍尔孙教授也曾说过关于这一点的一些想法："假设月球黑暗的一边空气凝固，那么白天的一边空气肯定会移动到黑暗的一边并且凝固，就算太阳照到固体空气使固体空气变为气体，它最终也还是会回到黑暗的一边变成固体，就像不断的蒸馏作用。于是，月球的空气无论如何都没有什么值得注意的地方。"

　　当然，太阳系中距离太阳距离第二近的金星确实有大气层，它的平流

――――――――
　　[1] "宇宙空间的温度"指宇宙空间内阳光无法照射到的涂黑过的温度计所显示的温度。由于星体有辐射温度，导致这一温度比绝对零度高一些。――译者注

层中拥有相当于在地球空气中的含量一万倍的二氧化碳。

5. 金星位相

大数学家高斯曾经说过这样一件事。

一次他想让母亲观察月牙形的金星，以为给她一个惊喜，就让他的母亲用望远镜来观察。然而当他的母亲看过之后并没有过多惊讶，而是很疑惑地问他为何月牙是反着的。这让他自己感到奇怪起来，他并没有想到他的母亲用肉眼就能看出金星的位相。这样的好眼力可不是什么常见的事情，在望远镜出现之前谁都不知道金星也有位相。

如图62，金星和地球的距离不像地球和月球的距离那样是固定的，而是会不断变化的。由于太阳和金星间距108 000 000 km，太阳和地球间距150 000 000 km，以至于地球和金星最近距离42 000 000 km，最远距离258 000 000 km，这就导致金星在不同的位相时角直径也不同。

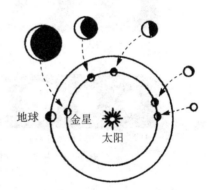

图62　望远镜中所见的金星的位相。随着距离太阳远近的变化，金星在不同的位相有不同直径

当金星和地球距离最近时我们并无法看到它，但是当距离稍微增大时我们便可以看到它了，所以月牙形的金星大小要比完整时的角直径大很多——金星月牙形时角直径64″，完整时只有10″。但是金星最亮的时候既不是其角直径最大的时候也不是其完整的时候，而是处在中间的某个位置，也就是从其和地球距离最近的点推算30天时其最亮，此时其角直径大约是40″，月牙宽度10″。在这个"最亮位置"，它是整个天空最亮的，其亮度是天狼星的13倍。

6. 大冲

上一节中我们提到了金星最亮的时刻,那么火星最亮的时刻是什么时候?

和金星不同,火星最亮的时候是和地球距离最近的时候,这个时间点每个15年出现一次,在天文学上,这个时间点名为"大冲"。如图63,1924年以及1939年是最近的两次大冲出现时间,那么为何15年才出现一次呢?

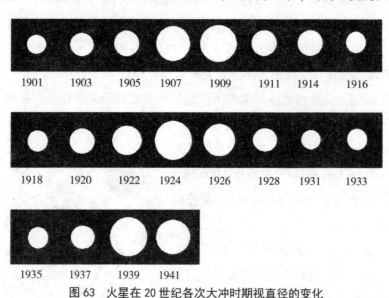

图63 火星在20世纪各次大冲时期视直径的变化
(1909年,1924年和1939年出现的是大冲)

其实这里边道理并不难理解,地球公转周期是$365\frac{1}{4}$太阳日,而火星则是687太阳日。那么如果想求出地球和火星两次最近之间的间隔,就需要对这两个数进行公约,也就是求下面这个式子的整数解:$365\frac{1}{4}x = 687y$,当然,也就是求$x = 1.88y$的整数解。

于是我们计算得到:

$\frac{x}{y} = 1.88 = \frac{47}{25}$,化为连分数则是:$\dfrac{47}{25} = 1 + \dfrac{1}{1 + \dfrac{1}{7 + \dfrac{1}{3}}}$

根据前三项可得：

$$1+\cfrac{1}{1+\cfrac{1}{7}}=\frac{15}{8}$$

虽说式子里的1.880 9我们简化成了1.88，但是这并不十分影响结果，于是根据这个式子可知15个地球年相当于8个火星年，那么也就是说每隔15地球年地球和火星的距离就会经过一个周期。

根据这种方法，我们还能算出地球和木星的距离变化周期。

1木星年大约等于11.862地球年，于是简化后得到：

$$11.86=11\frac{43}{50}=11+\cfrac{1}{1+\cfrac{1}{6+\cfrac{1}{7}}}$$

前三项近似值为$\frac{83}{7}$，那么可以说每过83地球年或7个木星年，就会遇到一次木星大冲，此时木星亮度最亮。我们知道，上一次木星大冲是在1927年年底，于是我们可以知道下一次木星大冲应该是2010年，此时木星到地球距离最短，为587 000 000 km。

7. 行星还是恒星

太阳系中最大的行星非木星莫属，它的大小是地球的1 300倍，引力极强，天文学家已经发现有11颗卫星绕着它旋转。伽利略发现了其中最大的四颗并用罗马数字Ⅰ、Ⅱ、Ⅲ、Ⅳ表示，其中Ⅲ和Ⅳ两颗卫星并不比水星小，要知道水星可是真正的行星。

现在我们列举木星的卫星、火星和水星以及月球的直径：

天体	天体直径
火星	6 788 km
卫星Ⅳ	5 180 km
卫星Ⅲ	5 150 km

（续）

天体	天体直径
水星	4 850 km
卫星 I	3 700 km
月球	3 480 km
卫星 II	3 220 km

这个表格的详解如图64。图中大圆表示木星，其直径上排列的圆代表地球，直径左边的球代表木星的四个卫星，右边的球分别为月球、火星和水星。当然，图上只显示了这些天体的直径大小关系，其体积对比和其直径比的三次幂成正比，于是，当木星直径为地球的11倍时，其体积便为地球的113倍。

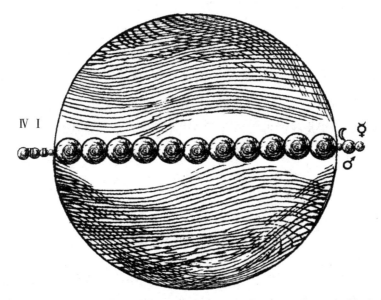

图64 木星和它的卫星（左边）跟地球（沿直径）、月球、火星、水星（右边）大小比较

木星如此大，所以确实是一个引力中心，引力非常强。以下是木星和其卫星的间距以及地球和月球的间距，从这里边能够看出这一点：

行星和卫星	间距（单位 km）	比值
地球到月球	380 000	1
木星到卫星III	1 070 000	3
木星到卫星IV	1 900 000	5
木星到卫星IX	24 000 000	63

这里可以明显看出，木星的行星卫星系统要比地月系大62倍，其他的行星根本没有这么大的卫星系统。那么根据这一点，将木星比作小型太阳也不是不可以，因为不仅这个原因，木星的质量比其他行星的质量加起来还要大一倍。或许，当太阳消失之后木星可以接替它来做中心天体，让行星围绕它转动，只不过公转速度会减缓。

从某些方面来看，木星和太阳拥有相似的物理构造，比如平均密度。木星的平均密度是水的1.3倍，而太阳的平均密度是水的1.4倍，二者非常相近。但是不同的是，木星非常扁平，以至于科学家们认为其内部有一个密度核心，外边的都是冰层以及大气层。

不久之前，二者的相似性学说又有了新的进展，一些科学家认为木星失去发光功能并没有多久，它的表面也不是固体外壳。然而，这种说法现在被否认了，原因就是木星大气中的云层温度只有-140℃。

这样的低温阻碍了我们对木星物理特征的探索，比如木星大气风暴、云状带和红斑等。

不久之前，木星上发现了有大量氮气和沼气存在的证据[1]。

8. 失踪的土星环

1927年时曾经出现过一个流言：土星环碎片将在某月某天要飞向太阳，路途中经过地球并会和地球相撞。这一事件的日期说得非常具体，简直骇人听闻。其实，土星环在1927年的确在一小段时间内无法看见，天文历上便记作"消失"，也正是这个"事件"造成了这个流言：人们将"消失"二字理解成了真正的消失，之后添油加醋，变成了宇宙的灾难，地球的灾难。这么个简单的消息居然被传成了灾难，确实有些不可思议。

那么为何土星环会看不到了呢？

土星环很薄，大约只有二三万米厚，相对于其宽度，这个数字的确

---

[1]　除此之外，天王星以及海王星上沼气的含量更多，1944年，土星最大卫星泰坦上也发现了沼气。——译者注

是非常的小。于是在土星环侧面朝向太阳的时候我们就无法看到它了，因为它上下两面都照不到光。自然，土星环的侧面面对地球时同样无法看到。

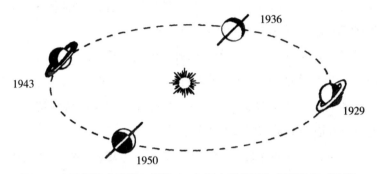

图 65 土星围绕太阳转一周的 29 年里土星的环和太阳的相对位置

土星环和地球轨道面有27° 夹角，如图65，土星的公转周期是29年，于是在其环侧边正对地球且朝向太阳的时候，我们便无法看到土星环了。但是在这两个位置成90° 的另外两点，环的最宽面便会面向太阳和地球，此时我们就能够看到完整的土星环。

9. 天文字谜

上节中我们提到了土星环的失踪，而这一现象让伽利略感到非常困惑，因为他虽然看到了这一现象但是并不知道原因。不过当时，如果某人有了一项发现但是发现还需查证的时候，就会想方法保留自己发现的优先权，于是当时的人又发现之后一般都会将自己的意见做成字谜来发表，也就是将意见精简并且打乱字母顺序，之后这段时间可以用来证明自己的观点。如果在自己还没证明的时候别人也公布了同一个发现，就可以将字谜的谜底说出，来证明是自己先发现的。或者，在自己的发现得以证实之后，也可以将字谜结果公布。

伽利略曾用自制望远镜观察到土星周围有某种东西，于是他便做了一串字谜公布出来：

Smaismermilmepoetalevmibuneunagttaviras

自然，别人无法弄懂里边包含的意思，除非将这39个字母打乱顺序重新排列。然而，这39个字母的排列顺序却有39种。这个数字是很大的，约是2×10^{46}。我们可以看出，伽利略将自己的发现保存得非常深。

开普勒和伽利略处于同一个时代，他曾经耗费了很大的精力去研究伽利略的字谜，并且最终得出了结论：

Salve,umbestineum geminata Martia proles

这是一句拉丁语，意思是：致敬、孪生子、火星的产生。这个结论是开普勒去掉了原来的39个字母中的3个之后组合成的。

开普勒根据这段话推断伽利略发现了两个火星卫星，并且他让自己对此事深信不疑[1]。然而，开普勒这次并没有得逞，他猜错了。伽利略公布了字谜谜底之后人们才明白，应当略去两个字母：

Altissimam planetam tergeminum observavi

这一段话的意思是：我曾看到三个最高行星。

其实伽利略只能看到土星两边有什么附属物，和土星加在一起一共三个，但不知道是什么。但是几年过去了，那两个附属物又消失了，于是伽利略便认为自己看错了，认为根本就没有什么附属物。

过了半个世纪，惠更斯又发现了土星的光环，他也是一样，发表了一行文字：

Aaaaaaaccccccdeeeeeeghiiiiiiilllllmmnnnnnnnnnn

oooooppqrrstttttuuuuu

三年后，他在得知自己的推测正确的前提下公布了字谜谜底：

Annulo cingitur,tenui,plano,nusquam cohaerente,ad eclipticam inclinato

意思是：有一条平薄的东西环绕着，它不接触任何东西，跟黄道斜交。

---

[1]　开普勒在这里根据的是卫星个数成级数的假定，因为地球有1个卫星，木星有4个，于是他便认为土星有2个卫星，同理，好多人认为火星也有2个卫星。这一假定在1877年居然被证实了，豪尔利用强大的望远镜发现了火星的2个卫星。——译者注

10. 比海王星还远

　　我曾经在之前的书籍中写海王星是太阳系中距离太阳最远的行星，其和太阳间距是日地间距的30倍。然而现在我说过的话成了错误的，因为在1930年发现了太阳系的新行星冥王星，它的运转轨迹比海王星还远。这个发现其实并不出人意料，因为很久之前就有学者认为在海王星外还有一颗行星。其实在100年前，人们甚至认为天王星就是太阳系中距离太阳最远的行星了，然后在英国数学家亚当斯和法国天文学家勒维耶的研究下，发现天王星外还有一颗行星，这颗行星就是后来的海王星，它甚至可以用眼睛观察到。

　　由于天王星的运动很不规则，而海王星这一颗行星的存在并不至于使天王星运动呈现出这样的情况，于是人们推测在海王星外还有一颗行星。人们为了找到它真是煞费苦心，他们提出了很多种方案，关于这颗行星和太阳的间距以及行星的质量也是众说纷纭。

　　直到1929年年底，或者说1930年，天文学家汤姆波才通过望远镜穿透了太阳的边缘发现了比天王星还要靠外的行星，也就是冥王星。

　　冥王星的运动轨迹和之前数学家们计算出的轨迹有些出入，但大体还是相仿的。不过，天文学家们认为这并非是数学家们的成功，轨道的重合也只不过是偶然罢了。

　　目前，我们对这个新行星知之甚少，它离我们实在太远了，阳光也几乎照不到，从冥王星看到的太阳亮度只有地球太阳亮度的$\frac{1}{1600}$，这就导致我们用目前最强大的测量工具都无法得出它的真正直径，只能得到一个不确切的数字，即大约是5 900 km，约是地球直径的0.47倍。冥王星的轨道偏心率很大，为0.25，这条轨道的轨道面和地球轨道的轨道面成17°夹角，其和太阳的间距是日地间距的40倍，公转周期也是长的可怕，有250年。

　　冥王星上，太阳的角直径只有45″，这只相当于我们看到的木星大小。除此之外，亮度也只有地球上太阳亮度的 $\frac{1}{1600}$ 。由于地球上月球的亮度是太阳的 $\frac{1}{440\,000}$ ，我们可以知道冥王星上太阳亮度是地球上月球亮度的275倍。显而易见，假设冥王星和地球一样拥有大气，那么冥王星上看太阳就相当于地球上看到275个月亮，这显而易见是非常亮的，亮度是圣彼得堡最亮夜晚的30倍，这也就代表着我们并不能把冥王星称作黑暗的王国。

11. 小行星

太阳系中，八大行星并非是行星的全部，只是其中较大的八颗，还有一些较小行星，也就是"小行星"，它们也是绕着太阳运动。现在我们在"小行星"中找到了最大的一颗名叫谷神星，直径770 km。月球和谷神星的体积比，差不多就是地球和月球的体积比，可见它是多么小。

19世纪的第一天晚上，也就是1801年1月1日的晚上，人们发现了这颗最大的小行星。其实在19世纪人们一共发现了400多个小行星，这些小行星的轨道都在火星和木星轨道之间，于是不久之前大家认为所有小行星的轨道都在火星和木星轨道中间。直到20世纪，发现更多小行星后才打破了这个"规律"，1898年发现的爱神星轨道虽然大都在木星和火星轨道范围内，但是仍有一部分在外。1920年发现的希达尔戈（这个名字是为了纪念1811年在墨西哥革命中牺牲的英雄希达尔戈和卡斯迪利亚）轨道和木星相交，之后又延伸到了土星轨道附近，它的偏心率高达0.66，轨道面和地球轨道面成43°角，夹角最大。

1936年发现的阿多尼斯偏心率比希达尔戈还要大，为0.78，其轨道最远端和太阳的间距几乎等于太阳和木星的间距，但是最近端和太阳的间距却接近太阳和水星的间距。

1949年发现的伊卡鲁斯偏心率更大，为0.83，最远端和太阳的间距等于日地间距的3倍，最近端和太阳的间距是日地间距的 $\frac{1}{5}$ 倍，目前已知的小行星中它是和太阳距离最近的一颗了。

小行星登记时，要先写出发现小行星的年份，之后将一年分成24个半月并用24个字母表示精确到了半月的时间。但是如果在某个半月内发现了多颗小行星，就在前边的字母后边加上新的字母并用字母的顺序来表现发现的时间前后。如果字母用完，那么就从头再来一次，只不过要在其字母右下角做一个标记。比如，在1932年3月上半发现的第25颗行星可以标记为1932EA1。

当然，小行星数量是非常多的，可以推算出其数量大约是4万到5万，然而我们观测到的只不过是其中的一小部分而已，其余的小行星还没有找到。

这些小行星大小不等，一般都是非常小的，直径770 km的谷神星或直径490 km的智神星已经算是"巨型"小行星了，没有几个能像这两颗这么大的。除此外，100 km以上的小行星共有70多个，更大一部分的小行星直径小于100 km，在20~40 km之间以及2~3 km之间的居多。这些直径2~3 km的小行星被称作"极小小行星"（当然，这里的极小只是相对的）。

小行星们只有很小的一部分被发现了，人们认为用现代望远镜去观察，发现的小行星数目不过是所有小行星数目的5%。但是，就算将所有被发现和没被发现的小行星聚在一起，质量差不多也只有地球的$\frac{1}{1600}$。

涅维明是苏联最好的小行星专家，他曾经这样描述小行星：

其实小行星们并非我们认为的那样物理性质相近，它们是有很大差别的。单就反射能力出发，谷神星和智神星反射能力和地球上的黑色岩层持平，婚神星的反射能力和浅色岩石持平，灶神星的反射能力和白雪持平。其实这种现象也并非人们所认为的那样和大气有关，因为这些小行星根本无法留住大气，它们反射能力不同是由于表面物质不同。

某些小行星形状并不规则，同样在自转，这一点，从其发光的波动就能看出来。

12. 地球的邻居

上节中我们提到了1936年发现的阿多尼斯小行星，这一小行星轨道大而扁，类似彗星轨道，并且距离地球很近。在1936年发现它的时候，它和地球间距只有1 500 000 km，可以说是距离地球最近的行星之一。虽然月球距离地球更近并且更大，但是月球属于地球卫星，并非独立的行星。除了阿多尼斯，小行星阿伯伦同样可以列入距离地球最近的行星之列，发现它时，它距离地球3 000 000 km。相比金星和地球的间距（42 000 000 km）以及火星和地球的间距（56 000 000 km）来说，3 000 000 km确实很短。并且还有一点非常有趣，阿伯伦和金星的间距在某些时候甚至只有200 000 km，只是地球和月球间距的一半。

目前尚不知道有没有比这两颗小行星距地球更近的小行星。

上边提到的阿多尼斯同时也是被发现的最小行星之一，其直径甚至不到2 km。还有在1937年发现的名叫赫尔麦斯的行星直径不到1 km，最接近地球时和地球的间距只有500 000 km，和月球相仿。

从上边这些资料中我们可以知道天文学家所说的"小"其实并不小，一颗体积0.52 km^{3}也就是520 000 000 m^{3}的小行星，若其组成成分为花岗岩，就会有1 500 000 000 t的质量，用这个质量的花岗岩可以建造300座埃及金字塔。

13. 木星的跟班

目前已知的1 600颗小行星中有15颗左右的小行星被分成了一组，运动非常特殊，它们中每一颗都会和木星以及太阳组成等边三角形并位于其中一个顶点。也就是说它们就像是木星的跟班，远远地跟随着木星，要么在前边60°，要么在后边60°，公转周期也和木星相同。它们组成的三角形平衡性很好，就算某一颗离开了应在的位置也会被拉回来。

这一组小行星被冠以特洛伊战争中的英雄之名：阿喀琉斯、巴特洛克尔、赫克托耳、涅斯特利安、阿伽门农，等等。

"特洛伊的英雄们"被发现之前，法国数学家拉格朗日已经在纯理论研究中提到过三个天体的平衡，它对这一种情况产生了极大的兴趣并且认为很难找到具体的例子。但是这一组小行星的发现确实证明了拉格朗日的理论。

研究这些小行星，肯定会对天文学的发展有重要意义，这从上边的论述中就可以清楚地看出[1]。

14. 别处的天空

之前的章节中我们已经"在月球上"看过月球的景色以及地球和其他天体了，现在我们去别的行星，去感受不同的天空景色。

我们首先来到了金星。如图66，如果金星上的大气透明到能够看见太阳，那么我们将看到一个是地球太阳两倍大的金星太阳，同时太阳照射到金星的热量和光强也是地球的两倍。除此之外，在金星看地球时，地球的亮度要比在地球看金星时大很多。这里边的道理不难想到，虽说金星和地球大小相仿，但是由于金星更靠近太阳，导致它接近地球的时候我们无法看到它，因为它自己的背光面挡住了自己的向光面，我们看到它时它已经离开那个位置一段距离了，只能看到一个月牙形状的金星。但是，在金星上看地球时，地球如果和金星距离最近，地球就会呈现一个完整的圆，类似大冲的火星。

于是，假设金星的空气能够让我们看到地球，那么我们在金星看到的

---

[1] 其实某些天文学家已经觉得越来越多的小行星是一种累赘和麻烦了，有人曾说："现在不应该再过度追求新的小行星了，因为这会损害我们对之前小行星的观察……由于最近小行星发现越来越频繁，我们几乎无法去仔细研究之前的小行星……截至1934年6月，我们已经登记了1 264个小行星，其中有271个已经位于'危险边缘'，也就是说会由于对其轨道知之甚少而造成'失踪'……我们应该研究新的小行星中那些最明亮、最值得研究的部分。"——译者注

最亮地球亮度是在地球看到的最亮金星亮度的6倍。但是，这并不代表金星夜面的灰色光来自地球的照明，因为地球照在金星上的光只不过相当于35米外的一根蜡烛，强度不够，无法使金星产生灰色光。

图66　从地球和其他行星上看见的太阳

金星能看到的并非只有地球，自然接收到的也不仅仅是地球的光，还有亮度是天狼星亮度4倍大的月光。并且，如果在太阳系的行星上观察其他天体，金星上看到的地球和月球是最亮的系统，如果用望远镜观察，甚至能够看到月亮表面的一些细节。

除了地球和月球，金星晨昏的标志水星也是很亮的行星，就算从地球看水星，它的亮度也比天狼星大很多，不过在地球上观察时的亮度是在金星上观察时的 $\frac{1}{3}$。但是从金星观察火星时的亮度仅为从地球观察火星时的 $\frac{2}{5}$。

而那些距离非常非常远的天体，在天球上看上去就是不动的，不论是水星、木星、土星、海王星还是冥王星，甚至不论在太阳系什么位置观察这些天体时其轮廓都是一致的。

现在离开金星去到水星。水星要比金星小一些，没有大气层，没有昼夜交替。还是看图66，从水星上看到的太阳面积是从地球上看到的太阳的6倍，水星看到的地球亮度是地球上看到的金星亮度的2倍。不仅如此，挂在水星黑色天空中的金星非常非常亮，可以说，在太阳系中已经没有比它还亮的了。

现在我们离开水星去到火星。再次看图66，火星上空的太阳圆面积仅为地球上空太阳圆面积的 $\frac{1}{2}$，火星的晨昏标志地球在这里并不像地球的晨昏标志金星那么亮，亮度仅相仿于地球上看到的木星亮度。

正如地球上无法看到全相位金星一样，火星上同样不可能看到全相位地球，所能看到的最大地球也只有地球表面的 $\frac{3}{4}$。在这里观察月球，其亮度和天狼星相仿，可以直接用肉眼观察到。当然，使用望远镜不仅能观察到月球，还可以观察到月球的相位变化。

福波斯是距离火星最近的一颗卫星，其直径只有15 km。由于距离原因，它在火星上空时的亮度要比金星亮25倍。德莫斯是火星另一颗卫星，虽然不如福波斯亮，但是比地球要亮很多。火星上能够很清楚地看到福波斯的位相，而德莫斯的位相要稍微困难一点。

现在我们离开火星去往火星的卫星。在这里，火星的角直径为41°，可以算是非常巨大了。在这里观察火星，能够发现它的位相变化很快，并且亮度是地球上看到的月球亮度的几千倍，圆面积大小是月亮的80倍。这可以算上是奇景了，只有在这颗卫星上才能观察到。

现在我们离开火星的卫星去到木星。如图66，假设木星上的大气能够清晰地看到太阳，那么在木星上看到的太阳圆面积只有在地球上看到的太阳圆面积的 $\frac{1}{25}$，自然，太阳光带来的热量和光强自然也是 $\frac{1}{25}$，并且木星上的白天只有5个小时，非常短暂。在这里，土星和天狼星非常亮，很容易就能看到，火星是刚好能够看到，不过想要看到会和太阳一同落山的金星和地球必须要等到傍晚时分，并且要借助望远镜[1]。

除了行星，木星的卫星在天空中也占了很大一部分位置，其中卫星Ⅰ和卫星Ⅱ亮度类似地球上看到的金星，卫星Ⅲ的亮度是金星所见地球的2倍，卫星Ⅳ和卫星Ⅴ的亮度是天狼星的好几倍。这五个卫星中，前三个卫星

[1] 木星上看到的地球亮度和八等星相仿。——译者注

由于在公转时会被木星阴影挡住，导致无法看到完整位相，木星上虽然也有日全食，但是可见区域十分狭窄。另外，前四个卫星的角直径大于太阳。

木星大气并不清澈，又厚又密。也正是因为这里稠密的大气，才使得光在穿过这些大气的时候产生了很有趣的现象。如前文图15，地球的大气折射并不十分明显，看到的天体位置比实际要高一点点，但是木星上的折射却如图67，光线偏转非常严重，木星表面发射的光线无法透过大气层，只会折射到表面，这一点和地球上的无线电波很是类似。

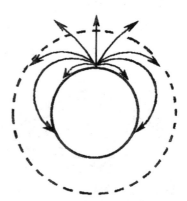

图67　光线在木星的大气中可能发生的偏折

由于这个原因，如果站在木星表面的某个发光点，就可以看到很诡异的景色：仿佛置身于一口大碗底部，碗底是行星的地表，碗边紧缩，碗口上方是几乎全部的天空，只在碗边时稍微模糊一点，暗一点。太阳永远不会离开碗口上方的这片天空，不论白天黑夜，不论站在哪里，都可以看到太阳。只不过这些都是猜测，因为没有人实际去过。

如图68，从距离木星最近的卫星Ⅴ上观察木星也是很漂亮的，此时其角直径为44°，约是月球的90倍。不过它的亮度并不高，只有太阳的$\frac{1}{7}$到$\frac{1}{6}$。

图68　从木星的第三个卫星上所见到的木星

当木星"落山"时，木星的圆面占整个地平线圈的 $\frac{1}{8}$，这个圆面会飞速旋转，还有小黑点不停掠过，这个黑点便是木星的卫星阴影，它只会让木星稍微暗一点。

现在我们离开木星去往土星，看一看我们所向往的美丽土星环。

然而到土星我们发现，土星环并非哪里都能看到，如图69。如果位于

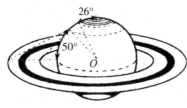

图69　怎样确定土星表面各点所看到的环的可见度。在土星的极区和64°之间，环是一点都看不见的

土星南纬64°以南或者北纬64°以北则根本看不到土星环，在这个纬度边上只能稍微看到土星环的边缘。之后从南北纬64°向土星赤道靠拢，在南北纬度大于35°的时候，光环是越来越宽的，并在南北纬35°的时候达到最宽。之后，如果从南北纬35°继续向土星赤道靠拢，光环又会越来越窄，"地半线"逐渐增高，最后在土星赤道时土星环将化做一条分割整个天球的线，这时我们只能看到它的厚度。

上边这些描述并非土星环视觉状态的全部，由于阳光只能照到环的一侧，导致土星环的一边很亮，另一边是阴影，这就导致只能在土星环被照亮的半个土星上才能够看到被照亮的土星环，在另一面只能看到阴影。于是，在土星的上半年，只能在某个半球的白天看到完整的亮光环，在夜晚，有几个小时可以看到环，但是环的一部分会被土星的影子挡住。除此之外，土星的赤道附近很长一段时间（很多个地球年）的时间内都会处在环的阴影中。

现在我们离开土星去往距离土星最近的卫星。在卫星上观察到的土星以及土星光环非常美妙，尤其是在土星呈现月牙形的时候。太阳系中，这种景色大概只有在这个卫星上才能看到了，当土星呈现月牙形的时候，月牙中部会被一条细长的光带切断，这条光带就是从侧面看到的土星环。那些围绕土星的卫星同样也是月牙形，不过比土星小很多。

下边列举了天体在其他行星天空中的亮度，由高到低排列。

1. 水星上看到的金星

2. 金星上看到的地球

3. 水星上看到的地球

4. 地球上看到的金星

5. 火星上看到的金星

6. 火星上看到的木星

7. 地球上看到的火星

8. 金星上看到的水星

9. 火星上看到的地球

10. 地球上看到的木星

11. 金星上看到的木星

12. 水星上看到的木星

13. 木星上看到的土星

这里用着重号标出的4、7、10三项是在地球上观察到的天体亮度，我们比较熟悉，可以用作参照物来对其他亮度进行比对。从这几条信息中可以得知，地球的亮度在近日行星比如金星、水星、火星等天体天空中的亮度均位居前列，在水星上看，地球的亮度也比在地球上见到的金星以及木星要亮。

第四章中我们仍将比较地球和其他星星的亮度，只不过这一次将更精确。

现在我们附上一些关于太阳系的数字，可以作为参考来使用。设地球体积为1，质量为1，水密度1：

太阳，直径1 390 600 km，体积1 301 200，质量333 434，密度1.41。

月球：直径3 473 km，体积0.020 3，质量0.012 3，密度3.34，和地球的平均距离384 400 km。

图70-1中是天体用100倍望远镜放大后的效果，并且放上了同倍数月亮用作比较。这张图应放在明视距离也就是距眼睛25 cm处观察。图70-2中，从上向下依次是距离地球最近时的水星，最远时的水星、金星、火星、木星以及木星的四个大卫星，土星以及土星的最大卫星[1]。

---

[1] 行星的角直径可以参照《趣味物理学》（续编）第九章。——译者注

太阳系八大行星的大小、质量、密度以及卫星数量

行星名称	平均直径			体积（地球=1）	质量（地球=1）	密度		卫星数量
	角直径	实际直径				地球=1	水=1	
	秒	千米	地球=1					
水星	13—4.7	4 700	0.37	0.050	0.054	1.00	5.5	—
金星	64—10	12 400	0.97	0.90	0.814	0.92	5.1	—
地球	—	12 757	1	1	1	1	5.52	1
火星	25—3.5	6 600	0.52	0.14	0.107	0.74	4.1	2
木星	50—30.5	142 000	11.2	1 295	318.4	0.24	1.35	12
土星	20.5—15	120 000	9.5	745	95.2	0.13	0.71	9
天王星	4.2—3.4	51 000	4.0	63	14.6	0.23	1.30	5
海王星	2.4—2.2	55 000	4.3	78	17.3	0.22	1.20	2

太阳系八大行星的距太阳的距离、公转周期、自转周期以及引力

行星名称	平均半径		轨道偏心率	公转周期单位：地球年	在轨道上的平均速度单位：千米/秒	自转周期	赤道与轨道平面倾斜度	引力（地球=1）
	天文单位	百万千米						
水星	0.387	57.9	0.21	0.24	47.8	88 日	5.5	0.26
金星	0.723	108.1	0.007	0.62	35	30 日	5.1	0.90
地球	1.000	149.5	0.017	1	29.76	23 时 56 分	5.52	1
火星	1.524	227.8	0.093	1.88	24	24 时 37 分	4.1	0.37
木星	5.203	777.8	0.058	11.86	13	9 时 55 分	1.35	2.64
土星	9.539	1 426.1	0.056	29.46	9.6	10 时 14 分	0.71	1.13
天王星	19.191	2 869.1	0.047	84.02	6.8	10 时 48 分	1.30	0.84
海王星	30.071	4 495.7	0.009	164.8	5.4	15 时 48 分	1.20	1.14

图 70-1　在望远镜中放大 100 倍后的月球和行星。这张图应当放在离眼 25cm 处看，在
这个距离，图中的星面才会跟眼睛睛凑在放大 100 倍的望远镜时所见的一样

最近的水星和最远的水星

最近的金星（看不见），最大的
金星的月牙形和最远的金星

最近的火星和最远的火星

木星和它的四个大卫星

土星和它的大卫星

图 70-2

第四章

恒　星

1. 光芒

夜间，我们每次向天空中仰望，总能发现一闪一闪的恒星，它们之所以发出光芒，正是因为我们眼睛的缘故。人的眼珠毕竟不是玻璃，而是一种纤维组织，并不是完全透明的。在"视觉理论的成就"中，赫尔姆霍尔兹提到了这一点：

眼睛所看到的有光束的光点一般来说并不会发出光束，只是由于眼球的纤维排列是辐射状的并且沿着六个方向，于是那些从远处的恒星或者灯火发出的光束只是眼珠的辐射所致，并非真的存在。当然，这个现象也是我们将辐射状的图形叫作星形的原因。

四百年前，达·芬奇就找到了不使用望远镜就可以防止我们看到辐射光束，进而摆脱眼珠"缺陷"的办法："只需要用针尖将纸片戳一个小洞，然后透过小洞去看星星，就会得到一个非常'小'的没有光芒的星星。"

其中的科学依据和赫尔姆霍尔兹提到的恒星的光芒[1]并没有矛盾，反而可以证明赫尔姆霍尔兹的理论：透过非常小的孔来观察物体将只有非常细的光线落入眼睛，眼珠的辐射构造就不会生效了。于是，假如眼珠构造更完美一些，我们就只能看到一个更"小"的行星，而看不到那些光束了。

2. 恒星为何闪烁？行星为何不闪烁

不懂天相的人能够分辨恒星和行星的一个主要原因就是行星光芒很稳定，而恒星却一直在闪烁。不仅这样，地平线附近的恒星甚至会变换颜

---

[1] 这里，恒星的光芒并非指眯起眼睛看星星时见到的那种从星星延伸到眼睛的光线，因为这种光线是睫毛对光的绕射作用引起的。——译者注

色。佛兰玛理翁曾描述这一现象："忽明忽暗的，偶尔白色却又变成红色或者绿色，就如同璀璨的钻石一样，将天空衬托得更加灵活，人们会下意识地认为，有一双双眼睛正在注视着大地。"天气寒冷或者有大风的夜晚，抑或云消雨霁的夜晚，星星更加明亮，闪烁和颜色变化更厉害些[1]。并且，地平线附近的星星闪烁更厉害些，白色星星闪烁得比黄色或者红色星星更厉害些。

和上节提到的光束一样，恒星也并非一直闪烁，如果我们离开大气层，到大气层外边去，我们就会看到不变的星光了，因为星光穿过大气层时会被大气层赋予"闪烁"的外观。

天气炽热时地面被太阳烤得发烫，于是让远处的物体看上去扭曲了，星光闪烁也是同理。星光穿过温度不同的大气层，光线偏折的程度也不相同，就好像它穿过了非常多的三棱镜或凹透镜、凸透镜之类的物体，最终到达地球之前会受到非常多的折射。除此之外，光线偏折的同时会产生色散现象，于是我们看到的星光就忽亮忽暗，颜色也有各种变化。

普尔科夫天文台的天文学家季霍夫曾经研究过行星的闪烁问题，研究后他写道："星光在一段时间内改变颜色的次数其实可以计算出来，这种改变颜色的次数非常多，根据条件的不同，大概一秒内能够改变数十或者上百次。其方法也很容易，只需要用一个快速旋转的双筒望远镜观察明亮的星星即可。如果这么做的话，我们将不会看到一般的星星，而是看到一个色彩各异的星环。这个星环在望远镜转速放缓的时候并不会分裂成星星，而是会变成许多段长短不一、颜色不同的弧线。"

解释完为何恒星光芒总是闪烁，再来解释行星为何不闪烁。由于和恒星比起来我们距离行星更近一些，导致行星的角直径相比恒星来说更大，看起来是一个小圆面而非亮点，这样一来，在各种亮度的光线相互填充之后，人们就基本察觉不出它的明暗变化了。

于是，我们所谓的行星不闪烁，只是因为行星各个点明暗变化并不同步。

---

[1] 夏天的星星光芒闪烁并呈现蓝色就代表气旋临近，将要下雨，而呈现绿色则是将要大旱。——译者注

3. 白天能否看到恒星

答案是一般情况下不行。

用一个很简单的实验就能知道为何不行。现在在硬纸盒一侧按照星座的排列次序戳几个小洞，将一盏点亮的小灯放入盒子，之后在外边贴上白纸，将盒子放入黑暗屋子。此时将能在纸盒侧边看到明亮的光点，这些光点就相当于我们在夜晚看到的星星。但是如果将屋子的灯打开，那么尽管纸盒里边的灯还亮着，但是我们将不再能看到那些"星星"了。其中的道理和白天看不见星星的道理是相同的。

我们经常能够看到诸如"站在深坑、深井或者烟囱底部将能够在白天看到恒星"之类的言论，并且这些言论很多人，甚至很多名人都相信。但是经过很多人认真地考证和实验，发现这个言论其实并不正确，就算是提出这些言论的比如亚里士多德或者约翰·赫歇尔都没有亲自试验过，他们只是说其他人试过，但是"其他人"说的真就是对的么？

曾经，一份美国杂志上曾经发表文章称这种言论实是无稽之谈。然而有一位农场主来信说曾在一个20米深的地窖里看到五车二和大陵五这两颗恒星。但是，在农场主所在的纬度，那个季节这两颗（准确说是这三颗）星根本不会经过天顶，于是这个谎言被拆穿了。

事实如此，理论也是如此，从深处能在白天看到星星这一说根本不成立。地球上的大气被照亮，空气微粒漫反射的太阳光甚至比其他恒星发出的光强很多。也正是由于漫反射，光的来源是四面八方的，导致我们根本无法在白天的任何地点看到恒星，即使侧面的光被挡住也是一样。这种方法的确会让我们更容易看到很亮的行星，但是并不会看到恒星。

用望远镜的确可以在白天看到星星，但是却并非"从距离眼睛很远的某个小口"观察的结果，而是由于玻璃透镜的折射以及反射镜的反射。这两种作用使得天空显得更暗，星星显得更亮，对比之下就能看到星星了。物镜直径7cm的望远镜已经能够让我们在白天看到一、二等星，这可不是什么深井烟囱之类能比的。

当然，这些都是一般情况，不论是金星还是木星，还是大冲时候的火星都能够在白天看到，还很清楚。它们此时的亮度比恒星要强很多（具体请看第三章第1节：白天的行星）。

4. 星等是什么

其实，很多不懂天文学的人也听说过一等星和非一等星，但是比一等星还要亮的零等星或者负等星就没什么人听说过了。这听起来很不合理，因为最亮的星星居然是负等，比如"负27等星"。也正是这个原因，很多人认为，这里使用负数的概念不正确。

那么，我们就来说一下负数理论的发展。

恒星分等，并非按照其大小，而是按照其亮度。在古代，黄昏中出现的一些最亮星星被列为一等星，之后是二等三等，直到肉眼能见的最暗的六等星。这种主观性很强的分类方法并无法使现代的科学家满意，于是他们制定了更好的星等分类，其基础为：一等星的平均亮度为六等星平均亮度的100倍。

根据这么一条理论基础，便可以推算其余二等、三等、四等、五等星的亮度。由于亮度为等比数列，那么设其公比为n，各星等亮度为X，则有：

$$X_1 = nX_2$$
$$X_2 = nX_3$$
$$X_3 = nX_4$$
$$X_4 = nX_5$$
$$X_5 = nX_6$$

于是得到：

$$X_1 = n_2 X_3$$
$$X_1 = n_3 X_4$$

$$X_1 = n_4 X_5$$

$$X_1 = n_5 X_6$$

由其理论基础可知$X_1 = 100 X_6$，于是可求得 $n = \sqrt[5]{100} = 2.5$ 。

可以看出，每一星等都是下一星等亮度的2.5倍[1]。

5. 恒星代数学

上节我们提到，某一星等的星星，其亮度也是有不同的，那么既然平均值为一等，那高于平均值的是什么？众所周知数字1前边就是0，那么亮度是一等星亮度2.5倍的星星便可称为零等星，亮度是1.5倍或者2倍这样的星星由于亮度介于一等星和零等星之间，于是其星等为大于0小于1的分数，不过用小数来表示。像0.9等星、0.6等星之类，这些都要比一等星亮一些。

根据以上内容，便可以得知为何会出现负等星了，正是由于某些星星亮度超过了零等星，所以只能用0之前的数字表示，也就是负数。这个就是负1等、负2等之类星等的原因。

天文学实践中用光度计来计算星等，这种仪器能够比较一颗未知星等的星星与一颗已知星等的星星，或者比较未知星等的星星和人工星体，从而得出未知的星等。

天空中，负1.6等星天狼星无疑是最亮的恒星，除它之外，有只有在南半球能见到的负0.9等的老人星，以及北半球独有的0.1等恒星织女星。五车二、大角的星等为0.2，参宿七的星等为0.3，南河三为0.5，河鼓二为0.9。现在我们列出星等表，记载了数十天空中最亮的星星：

---

[1] 其实准确地说，公比为 2.512。

天体	星等	天体	星等
天狼星（大犬座 α 星）	-1.6	参宿四（猎户座 α 星）	0.9
老人星（南船座 α 星）	-0.9	河鼓二（天鹰座 α 星）	0.9
南门二（半人马座 α 星）	0.1	十字二（南十字座 α 星）	1.1
织女星（天琴座 α 星）	0.1	毕宿五（金牛座 α 星）	1.1
五车二（御夫座 α 星）	0.2	北河三（双子座 β 星）	1.2
大角（牧夫座 α 星）	0.2	角宿一（室女座 α 星）	1.2
参宿七（猎户座 β 星）	0.3	心宿二（天蝎座 α 星）	1.2
南河三（小犬座 α 星）	0.5	北落师门（南鱼座 α 星）	1.3
水委一（波江座 α 星）	0.6	天津四（天鹅座 α 星）	1.3
马腹一（半人马座 β 星）	0.9	轩辕十四（狮子座 α 星）	1.3

我们可以看出，星等正好是1的星星似乎并没有，直接从0.9等降到了1.1等。于是，我们得知星等中的一等星只不过是一个参照点，一个标尺，却并非有一等星。

要注意的是，我们划分星等的依据是根据了我们的视觉特点，也就是韦伯–费希纳的精神物理定律。此定律认为当光源强度成几何变化时，我们感受到的亮度成算数级变化。（其实人们测量音调的高低同样是参照了恒星亮度的测定原则，这听起来的确很有趣。详情参照《趣味物理学》以及《趣味代数学》）

在得知以上一些内容后我们可以进行一些诸如"多少三等星的亮度综合等于一等星"之类的有启发意义的计算。在这里，我们知道三等星亮度乘以 2.5^2 才是一等星的亮度，由此可见，需要 2.5^2 个三等星才能赶上一颗一等星的亮度。同理，类似的一些关系[1]如下所示：

星等	达到一等亮度所需的个数	星等	达到一等亮度所需的个数
一等	1	六等	100
二等	2.5	七等	250
三等	6.3	十等	4 000
四等	16	十一等	10 000
五等	40	十六等	1 000 000

---

[1]　"亮度比率"的对数很容易求得，为 0.4，根据这个对数来计算就会很简单。
——译者注

我们知道，六等星是肉眼所能见到的极限，那么七等星以及之后的星等都无法用肉眼看到了，十六等星更是需要使用非常强大的望远镜才能够清楚地看到。当然，如果人眼的视觉能力增加10 000倍，我们看十六等星就如同看六等星那样容易了。

上述表格中并没有写出比一等星还要亮的零等以及负等星，于是我们随机挑出几个来计算一下看看。

南河三是0.5等星，其亮度为一等星的$2.5^{0.5}$倍，计算出来是1.6倍。老人星是负0.9等星，其亮度为一等星的$2.5^{1.9}$倍，计算出来是5.7倍。天狼星是负1.6等星，其亮度为一等星的$2.5^{2.6}$倍，计算出来是10.8倍。

现在还有一个有趣的问题：多少颗一等星的亮度能够和我们肉眼所能看到的所有星星亮度相同？

据一些资料可知，天空中一等星一共10颗，并且星等每靠后一级，数目就比上一级多两倍。根据亮度比率，设需要的一等星数目为X，则有：

$$X = 10 + (10 \times 3 \times \frac{2}{5}) + (10 \times 3^2 \times \frac{2^2}{5^2}) + \cdots\cdots + (10 \times 3^5 \times \frac{2^2}{5^2})$$

计算可得：

$$X = \frac{10 \times (\frac{6}{5})^6 - 10}{\frac{6}{5} - 1} = 95$$

这个结果可以看出，半个天球上所有肉眼可见的星星亮度大约相当于100颗一等星。

当然，如果题目将肉眼换成现代望远镜，得到的结果就不会这么小了，而是1 100个一等星。

6. 肉眼和望远镜

人眼在晚上视物时直径大约7 mm，看到的星星亮度最低为六等。望远镜物镜直径5 cm，通过物镜的光线为通过人眼的$(\frac{50}{7})^2$倍，于是将能够看到亮度是六等星亮度 $(\frac{7}{50})^2$ 的星星。当然，上述这种简单计算只适用于观察恒星，因为在观察行星时还需要计算望远镜的光学放大率。

根据上边的举例，我们就可以通过同样的计算得知想要观察某种亮度的行星需要多大物镜的望远镜，以及用某种尺寸物镜的望远镜能够看到何种亮度的星星。现在，假设望远镜用46 cm直径的物镜能够看到亮度不低于十五等的星星，那么如果想看到十六等星需要用多大的物镜？

现在设需要的物镜直径为x，则有：

$$\frac{x^2}{64^2} = 2.5$$

求得：$x = 64\sqrt{2.5} \approx 100$ cm

于是我们得知，如果要看到十六等星，需要100 cm直径的物镜。其实根据其中原理，将望远镜的物镜直径提高也就是1.6倍，就能使望远镜看到下一级的星等。

7. 太阳和月球的星等

恒星的亮度比率其实还能应用在行星、太阳以及月球上，现在我们来研究一下太阳和月球的星等，暂且忽视行星。我们现在知道的是，太阳的星等为负26.8等，满月状态下的月球[1]为负12.6等。这里是负数的原因看过上节后应该都能理解，只是可能还是不明白为何太阳和月球之间星等差距并不是那么大。

但是，太阳星等为负26.8等，满月状态下月球星等为负12.6等，根据这两点可以得知，太阳的亮度为一等星的$2.5^{27.8}$倍，满月状态下月球亮度为一等星的$2.5^{13.6}$倍，这样一来即可得知太阳的亮度是满月亮度的 $\frac{2.5^{27.8}}{2.5^{13.6}} = 2.5^{14.2}$ 倍，约等于447 453倍，这和我们之前的认知并无太大出

[1] 上弦月和下弦月状态下的月球星等为负9等。

入，即晴天的太阳比无云的满月亮447 000倍。

这样看上去，二者差距还是很大的。

有一种观点认为，既然满月状态的月球星等是负12.6等，那月光将会对地球气候产生影响[1]。然而，月球反射的热量和其反射的阳光成正比，于是月球反射到地球上的热量仅为太阳照到月球上热量的$\frac{1}{447\,000}$。

要知道，地球从太阳那里得到的热量在1分钟内也不过8.3J/cm²左右，也就是说从月球处得到的热量只有这个数值的$\frac{1}{447\,000}$，这种情况下得到的热量只能使1g水在1分钟内上升$\frac{1}{220\,000}$℃。所以说，这个观点不成立。

现在来看一下太阳的亮度是天狼星的多少倍。

天狼星星等为负1.6等，太阳星等为负26.8等，于是可以列出等式：

$$\frac{2.5^{27.8}}{2.5^{2.6}} = 2.5^{25.2} = 10\,000\,000\,000$$

由此式可见，太阳要比天狼星亮一亿倍。

还有一个问题：满月时的月球月光强度是我们能够看到的所有星星光强总和的多少倍？

上一节我们已经得知，整片星空的总亮度约是100个一等星的亮度。于是，根据这一点我们可以列出等式：

$$\frac{2.5^{13.6}}{100} = 3\,000$$

根据此式可以得出结论，在晴朗的夜晚，满月状态的月球亮度是除月球外其他的星星亮度总和的3 000倍，换句话说，晴朗的夜晚除月球外所有星星的亮度总和不过是晴朗的白天太阳光的13亿分之一。

现在补充两条小消息，其一，若将蜡烛放在1米外，其亮度相当于一颗负14.2等星，其亮度是满月状态下月球的$\frac{2.5^{15.2}}{2.5^{13.6}} = 4.3$倍。其二，从月球上看地球机场安装的20亿烛光探照灯，相当于看一颗4.5等星。

---

[1]　如果说月球能影响气候，也只会是引力，详情请见本书"月球对地球气候的影响"一节。——译者注

8. 恒星的真正亮度

前边几节计算的都只是恒星的可见亮度而并非真正亮度，星等也只是在其所在位置上我们能够看到的亮度，然而这些星星距离我们其实并不一样近。那么该如何才能知道恒星的真正亮度呢？如果所有星体和地球间距都一致，那它们的亮度将如何？

根据这一问题，天文学家提出了"绝对星等"，即星体距离观察者10秒差距（秒差距是一种特殊长度单位，用作测量恒星的间距，1秒差距=300 000 000 000 000 km）时的星等。现在如果知道星体距离，由于星体亮度和距离的平方成反比，那我们就可以很容易地计算出该星体的绝对星等[1]。

计算方法暂且略过，求得天狼星以及太阳的绝对星等分别为+1.3和+4.7，天狼星的绝对亮度是太阳的 $\dfrac{2.5^{3.7}}{2.5^{0.3}} = 2.5^{3.4} = 25$ 倍。但是，太阳的视亮度却是天狼星的10 000 000 000倍。

于是我们得出了结论：太阳并非天空中最亮的星体。

当然，它在附近的恒星中也并非什么不起眼的小角色，它的绝对星等仍然在平均值之上。据统计，距离太阳10秒差距以内的恒星绝对星等的平均值是9，太阳的绝对星等4.7，其绝对亮度是周围恒星的 $\dfrac{2.5^8}{2.5^{3.7}} = 2.5^{4.3} = 50$

---

[1] 计算公式为：$2.5^M = 2.5^m \times (\dfrac{\pi}{0.1})^2$。

如果对"秒差距"以及"视差"有一个大致的了解，就会明白这个公式的道理。其中，绝对星等为 M，视星等为 m，单位为秒的恒星视差为 π。此时将公式进行变动：

$$2.5^M = 2.5^m \times 100\pi^2$$
$$0.4^M = 0.4^m + 2 + 2\lg\pi$$
$$M\lg2.5 = m\lg2.5 + 2 + 2\lg\pi$$

求得：$M = m + 5 + 5\lg\pi$

此时以天狼星微粒，其 $m=-1.6$，$\pi=0.38''$，求得其绝对星等为：

$$M = -1.6 + 5 + 5\lg0.38'' = 1.3$$

——译者注

倍，即使它的绝对亮度只有天狼星的$\frac{1}{25}$。

9. 已知的最亮恒星

已知最亮的恒星是星等仅有8的剑鱼座S星。由于其位于南天，我们无法在北半球看到它，这颗星位于相邻星系小麦哲伦云内，此星云到地球的距离约是地球到天狼星距离的12 000倍，这样还能被列为八等星，可见这颗恒星的发光能力非常强，天狼星放到它所在的位置，只能相当于一颗十七等星而已，最强的望远镜也只能勉强看到它。

这颗恒星的绝对星等为负8等，绝对亮度是太阳的100 000倍，如果将它放在天狼星处，其视星等将是天狼星的前9等，亮度类似上下弦月状态下的月球。如果某个星体位于天狼星处还能有像它这样强亮度，那就绝对是现在已知的最亮星体了。

10. 地球所见行星以及其他行星所见行星的星等

我们现在先列举地球上看到的各个行星的星等。

在地球上观察天空			
天体	星等	天体	星等
金星	−4.3	土星	−0.4
火星	−2.8	天王星	+5.7
木星	−2.5	海王星	+7.6
水星	−1.2		

可以看到，从地球上看金星和木星，金星的亮度是木星的2.52=6.25倍，是星等为负1.6等天狼星的13倍。并且，最暗的行星土星也要比除星等为负的天狼星和老人星之外的恒星要亮。于是，行星有时能够在白天看到，而恒星却不行。

现在我们像之前那样在其他行星上观察天空并且在其他行星上测量各个天体的亮度并整理成表格。我们将不再解释，因为前边的章节中已经有过解释，此处只不过是换成了数字。

在火星上观察天空			
天体	星等	天体	星等
太阳	−26	木星	−2.8
卫星福波斯	−8	地球	−2.6
卫星莫斯	−3.7	水星	−0.8
金星	−3.2	土星	−0.6

在金星上观察天空			
天体	星等	天体	星等
太阳	−27.5	木星	−2.4
地球	−6.6	月球	−2.4
水星	−2.7	土星	−0.5

在木星上观察天空			
天体	星等	天体	星等
太阳	−23	卫星Ⅳ	−3.3
卫星Ⅰ	−7.7	卫星Ⅴ	−2.8
卫星Ⅱ	−6.4	土星	−2
卫星Ⅲ	−5.6	金星	−0.3

除去恒星太阳，我们从行星的卫星上看到其环绕的行星，最亮的就是从卫星福波斯上看到的满轮火星（−22.5），其次是从卫星Ⅴ上看到的满轮木星（−21）以及从卫星密麻斯上看到的满轮土星（−20）。

之后列出一张各种行星互相间的星等表。

观察方式	星等	观察方式	星等
在水星观察金星	−7.7	在金星观察水星	−2.7
在金星观察地球	−6.6	在水星观察地球	−2.6
在水星观察地球	−5	在地球观察木星	−2.5
在地球观察金星	−5.5	在金星观察木星	−2.4
在火星观察金星	−3.2	在水星观察木星	−2.2
在火星观察木星	−2.8	在木星观察土星	−2
在地球观察火星	−2.8		

从表中可以清楚地看出，水星上看到的金星、金星上看到的地球以及

水星上看到的地球最亮。

11. 无法被放大的恒星

很多人会对望远镜无法放大恒星这件事感到非常神奇。望远镜能够放大行星是众所周知的，但是却无法放大恒星，甚至会将其缩小，变成一个光点。第一个使用望远镜观察恒星的人是伽利略，他就曾对这个现象写过一段话：

用望远镜观察天空，将会发现行星和恒星的形状差别。行星是个小型圆面，很清晰，像一个小月亮；然而恒星的轮廓却很不清晰，这样观察只能让它显得更亮。

现在，我们从生物和物理的角度来解释一下为何恒星不会被放大。首先，我们观察距离我们越来越远的物体时，其在视网膜上的像逐渐变小，当小到一定程度，像就会只落在某一个神经末梢，这样，我们会将其当作一个没有轮廓的点。对于正常人来说，这个临界值是1′角直径。于是我们就不难得出结果了，望远镜能够将物体角直径放大，使接收到像的神经末梢增多，于是我们在用100倍的望远镜时，就会感觉物体放大了100倍。然而，恒星距离我们太过遥远，在被高倍望远镜放大之后角直径仍然小于1′，于是我们看恒星也就没什么变化了。

可以计算得出，若用1 000倍望远镜观察月球，想要得到清晰细节需要110 m直径，观察太阳清晰细节需要40 km直径，而观察除太阳外最近的恒星细节需要12 000 000 km直径。这个数字实在太大了。

然而，太阳的直径是12 000 000 km的约0.12倍，也就是说，如果将太阳放在除它自己之外距离我们最近的恒星位置，我们也将看到一个点。如果除太阳外距离最近的恒星在现有的最大倍数望远镜中并非一个点，那它的体积须是太阳的600倍。自然，其他的恒星并不比太阳大，也并不比在距离最近的恒星近，于是我们在望远镜中看到的恒星也只能是一个点。

但在实际中，并不存在这样的恒星，使其角直径大于我们在10 km外去观察一只别针针头；同样也并不存在这样一台望远镜，能使这种距离下的此种物体放大成可见的圆面。然而，当我们观察天体时，放大率越大确实能够让我们在观察行星等天体时看到更大的角直径，然而却也减小了圆面的亮度，分清楚细节也就越来越困难。所以要找到合适的倍率，比如观察行星或彗星时，就需要用中等倍率的望远镜。

那么，既然望远镜无法使恒星放大成圆面，那为何要用望远镜去观察恒星呢？

其实前边已经有了关于这个问题的解释，这样做毕竟能够增加亮度，可以让我们看到更多恒星。

除此之外，由于某些天体之间相距太过接近，导致我们看到它们是会认为是一颗星，然而在我们用望远镜观察的时候情况就不一样了，虽然无法放大恒星角直径，但是能够增大天体间的视距，所以偶尔我们能从"一颗星"看到两三颗甚至三颗以上天体，如图71。某些星团在肉眼看来并没有什么东西，或者仅仅一个光点，然而在用望远镜观察时将会发现千万颗独立的天体。

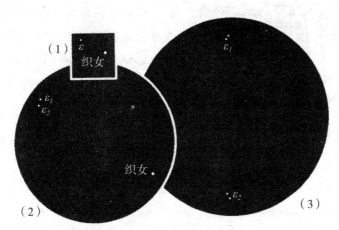

图71　织女星附近的同一个恒星：（1）肉眼所见的情景；（2）使用双筒镜观看；（3）使用望远镜观看

当然，望远镜并非只有上述两个功能，它还能够精确测量天体的视角。巨型天文望远镜可以将可测角直径缩小到0.01″，类似100 m外头发丝的角直径。

12. 古老的恒星直径测量法

上一节中我们提到倍数最高的望远镜也无法得出恒星的直径，那么那些关于恒星大小的言论基本都是猜测，人们都说恒星的平均大小和太阳相似，但是并没有人能够证实。

看起来，由于倍数最高的望远镜都无法将恒星的角直径放大，所以这个关于恒星直径的问题其实无法解决。然而，1920年，一些新方法和仪器将这种不可能变成了可能，这一点得益于天文学的盟友——物理学。

下面来看一下用光干涉来测量恒星直径的方法。

图72中是我们需要用到的仪器，这种仪器制作很简单，在某一块盖子上沿水平线和物镜中心对称的地方钻出两个直径3 mm相距15 cm的小孔，然后用这只盖子盖住物镜。做好这个后，找到一块幕布，在中间打出一条十分之几毫米宽的小缝，将其盖在事先准备好的光源上，并且将光源挪到距离望远镜10到15米的位置。

如果不用盖子，从望远镜中能看到两侧有暗条纹的狭长缝，但是如果装上盖子，中间的狭长缝便会多出很

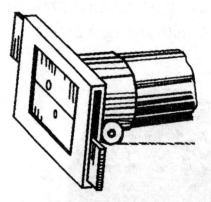

图72 测量恒星直径的干涉仪器，物镜前的盖子上有两个可以移动的小孔

多道垂直的暗纹，正是穿过小孔的光束相互干涉的结果，如果盖住任意一孔，这些干涉就将消失。

现在假设这两只小孔能够在盖子上移动，那么它们相隔越远，黑色条纹就会越明亮，最后消失。若其消失时小孔的间距已知，则能够知道人看到的狭缝的大小，若狭缝和观察者间距已知，则能够知道狭缝的真实宽度。当

然，若使用圆孔代替狭缝，则其宽度（直径）同样能够求出，只是结果需要乘以1.22。

测量恒星直径的方法与此相同，只不过，恒星的角直径太小，须得使用强大的望远镜才行。

除了这种方法，根据光谱来测定恒星直径也是一种可行的方法。这种方法依靠光谱来测定恒星的温度，之后计算每平方厘米上的辐射能量，就能够求出恒星表面积以及直径了。

于是我们求得，五车二直径是太阳的12倍，参宿四360倍，天狼星2倍，织女星2.5倍，天狼星伴星 $\frac{1}{50}$ 倍。

13. 大号恒星

恒星的直径的确惊人，让天文学家无法预料。比如1920年发现的猎户座 α 星参宿四，其直径甚至大于火星轨道的直径。除此之外，如图73，天蝎座最亮星心宿二直径约是地球轨道直径的1.5倍，鲸鱼座中某恒星直径为太阳的330倍，这些都是非常巨大的恒星。

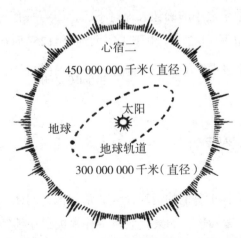

图 73　天蝎座的巨星心宿二，它可以将我们的太阳和地球轨道都包含在内

　　然而，研究它们的构造后发现，虽然其外表非常巨大，但是其所含物质却并不像想象中那样多：其质量只是太阳的几倍，然而以参宿四为例，其体积却是太阳的40 000 000倍，于是其密度非常之小。若太阳的密度接近水，那么这些巨型恒星密度会接近空气，正如某天文学家所说，这种恒星就如同比空气密度还小的气球。

14. 想不到的结果

　　现在有一个非常有趣的问题：若将天空中所有能看到的天体按照视大小连接在一起，会有多大？

　　前边的计算我们已经知道，肉眼可见的全部天体（除太阳本身）总量度相当于负6.6等星，亮度比太阳低了20个星等，也就是说总亮度是太阳亮度的 $\dfrac{1}{1\,000\,000\,000}$ ，那么现在若假设太阳表面温度是恒星平均数，于是此"想象星"视面积就同样为太阳的 $\dfrac{1}{1\,000\,000\,000}$ ，角直径为太阳的 $\dfrac{1}{10\,000}$ ，于是其角直径为 $\dfrac{30'}{10\,000}=0.2''$ 。

　　这个结果的数字之小的确让人惊讶不已，因为所有的可见天体视面积加在一起角直径也不过0.2″。由于天空大约是41253平方度，于是这些可见天体加起来也不过占据了整个天空的 $\dfrac{1}{20\,000\,000\,000}$ 而已。

15. 超大密度

　　宇宙深处，某颗小星上的情况让人非常震惊，同体积下，该小星质量是水的60 000倍。要知道，如果我们将一杯水银拿在手里就已经能对其质量产生惊叹，更何况这个小星呢。一杯小星大概有12 t重，这就有些诡异了，因为要是想要运走一杯小星，就需要一辆运载火车才能做到。

这个发现说来话长，据有很大的启发意义。如图74，当初我们发现，天狼星的运动轨迹并非是直线而是怪异的曲线。于是在勒维耶发现海王星的前两年，也就是1844年，天文学家培塞尔根据这一现象推断天狼星拥有一颗伴星，正是伴星的引力令天狼星的轨迹出现了图中的这种变化。然而培塞尔却并没能看到这一推断证实，因为在推断被证实也就是发现了天狼星伴星的1862年，培塞尔已经去世了。

这颗伴星名为"天狼B"，绕主星的运转周期为49年，和主星的间距大约是日地间距的20倍，如图75，相当于太阳和海王星的间距。这颗星并不亮，星等在8~9之间，然而质量却约是太阳的8倍[1]。若使此星和太阳表面积之比等于其与太阳质量之比，则此星亮度将相当于4等星，将太阳移到天狼星这个位置，太阳的亮度相当于3等星。于是，天文学家将此星看作一颗冷却的、表面有一层固体壳的太阳。这一观点正是由于此星亮度低且表面温度低。但是这个观点并不正确，此星虽然亮度极低，但是并非即将熄灭的末期恒星，并且其表面温度比太阳还高。它如此不明亮的原因是其表面面积太小。通过某些数据可知，其发射的光

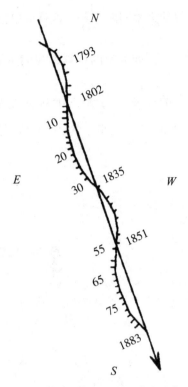

图74　天狼星在 1793 年到 1883 年间在众星中的弯曲的运动路线

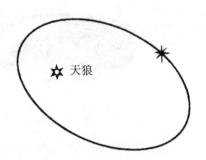

图75　天狼星的伴星绕天狼星的轨道（天狼星并不在可视椭圆形的焦点，因为椭圆形已经由于投影的原因发生了歪曲，我们看见的它的轨道平面是倾斜的）

[1]　有推测说，此星极有可能还有一个看不到的更暗的伴星，其绕此星的周期为 1.5 地球年。根据这个推测，天狼星就算是一个三合星了。——译者注

仅约为太阳的 $\dfrac{1}{360}$，这就可以推算出其表面积同样为太阳的约 $\dfrac{1}{360}$。

根据上边的计算，我们可知此星半径约为太阳的 $\dfrac{1}{\sqrt{360}}$，体积约为太阳的 $\dfrac{1}{6\,800}$，于是由于其质量约为太阳的8倍，则可知其密度约为太阳的54 400倍，约是水的60 000倍，如图76。

图76　天狼星的伴星的物质密度是水的 60 000 倍。
几立方厘米的物质就会和三十个人的质量相等

开普勒曾经说出过这样一句话："物理学家们要小心些了，因为他们的领域受到了干扰。"这句话的预警并非我们所想的那样，但是事实确实如此，目前为止没有哪个物理学家能够在普通条件下设想这样的密度。固体在平常状态下分子间距非常小，已经很难再压缩，但是的确存在着"不完整"的原子，这些原子没有电子的环绕。它们失去了电子，直径将缩小为原来的千分之一，前后就如同房屋和苍蝇的比例一般。但是，失去的那些电子质量微乎其微，于是整个原子质量并不会缩小。于是，在某些星球上的高压作用下，原子间距就会瞬间缩小，变为现有原子间距的几千分之一，天狼星B就是在这种状态下形成的。

当然，天狼星B并非密度最大的恒星，宇宙如此大，我们探索到的不过是大海中的一滴水而已，密度比它大的比比皆是。我们已知的就有一颗12等星，其体积甚至比地球还要小，但是其密度却是水的400 000倍。

众所周知，原子核的直径不过是整个原子的万分之一，体积也是原子体积的$(\frac{1}{10})^{12}$，于是1 m³金属含有的原子核不过万分之一立方厘米，这就意味着这一小点原子核和这1 m³金属相等，于是我们可以得知1 cm³原子核的质量，约是1 000万t（如图77）。

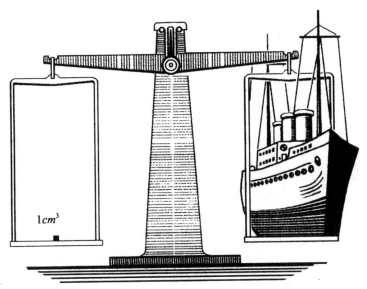

图77　1 cm³ 的原子核，可以和一条大洋上的轮船一样重。当原子核挤得足够紧的时候，1 cm³ 的原子核可以重达 1000 万 t

经过了上文的描述，我们就算听到某天体密度是天狼星B的500倍也不会觉得惊奇了，比如仙后座中的某颗13等星。此星体积大小甚至不如火星，只有地球的$\frac{1}{8}$，但是质量却是太阳的2.8倍。如果将其密度写作普通的単位，则是30 000 000 g/cm³，是黄金的2 000 000倍[1]。如果此物质位于地球，则可知1立方厘米的此星物质重36吨。

之前，科学家们认为密度是白金几百万倍的物质不存在，然而现在他们却不得不信了，毕竟宇宙非常广阔，定有许多未知的事物以及奇特的现象。

当然，我们在后边的第五章将会讲到1 cm³的该物质在其“本土”的重量。

16. 恒星为何叫恒星

古代人用“恒星”来命名恒星，正是要将之与“行星”区别开来。恒星虽然参与了环绕地球的昼夜升沉，但是其相对天空的位置是保持不变的；和它们不同，行星的位置总是在不断变化，穿梭在众星之间，因此被称为“行星”。

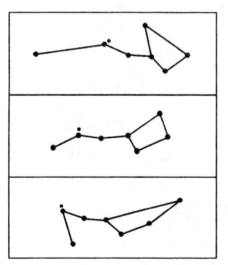

图78 星座的形状变化很缓慢。中间的图形表示的是大熊星座现在的形状；上图是它10万年前的样子；下图是10万年之后的形状

但是在现在看来，恒星世界并非无数个不动太阳的集合体，包括太阳在内的所有恒星[2]彼此都在相互运动之中，并且平均速度能达到30 km/s，等同于地球的公转速度。这就是说用恒星并非静止的，不仅不是静止的，并且某些恒星的极快运动速度在行星中是看不到的：有一颗名叫“飞星”的恒星，其和太阳之间的相对速度为250~300 km/s。

那么，既然我们所见的所有星

---

[1] 此星中心部分的密度简直令人无法相信，为10 000 000 000 g/cm³。
[2] 此句范围为整个银河系。

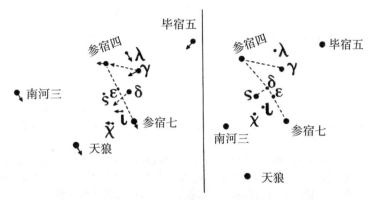

图 79　猎户座的恒星运动方向。左图是现在的形状，经过 5 万年之后变
成右图的形状

星都在运动并且每年都要运动几十亿千
米，那为何我们无法看到这种高速运动
呢？为何这么多年来恒星图基本没有变
化呢？

　　道理很简单，因为恒星离我们太远。
举个例子，在非常高的地方看飞速运行
的火车，会发现火车运动非常"慢"，即
使其在地面上的人眼中是一种无法比拟
的速度。同理，恒星的运动在我们看来也
是如此，虽然它的运动的确很快，但奈何

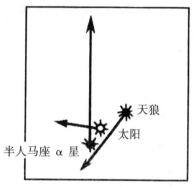

图 80　三颗邻近的恒星——太阳、
半人马座 α 星和天狼星的运动方向

距离太远，看上去也就显得微不足道了。我们看到的最亮恒星距离地球算
是比较近，但是也有800 000亿km远，这么远的天体运动了10亿km，在我们
看来也不过是缩小了$\dfrac{1}{80\,000}$的距离而已。

　　地球上观察这些天体，其移动的角度甚至不到0.25″，这种变化依赖
精密仪器还勉强能够看出，如果用肉眼，就算看个几百年也看不到什么。
于是，想要知道恒星在运动，只能依赖仪器的辅助。如图78、图79、图80
均为恒星的运动。

　　根据上边的分析我们得知，恒星的确在运动，但是在肉眼看来，它仍

然是"静止"的，于是我们将其称作"恒星"也不是没有道理。

如图81，总结可得恒星虽然在快速运动，但是它们相遇的概率非常小。

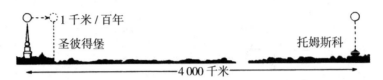

图81　恒星运动比例图。两颗槌球，一个位于圣彼得堡，一个位于托姆斯科。每一百年，它们之间的距离接近1千米（两颗恒星之间的情况相似，只不过这是缩小了的比例图）。从图中可以明显看出，恒星之间相撞的概率微乎其微

17. 恒星间距的单位

千米（km）、海里（nm，1nm=1852米）等都是比较大的距离单位，这些单位应用在地面间距中已经足够，但是应用在天体间距中却是远远不足。用这两种距离单位来描述天体间距，就如同用毫米去描述铁道长度，非常不方便。比如，用mm作单位，十月铁路长64 000万；用km作单位，太阳和木星间距为78 000万。

如果距离中出现一大串零，不仅写起来麻烦还很容易出错，于是天文学家就使用了更大的长度单位比如"天文单位"，即太阳到地球的平均距离149 500 000 km。这个单位用于描述太阳系范围的一些间距，比如：水星距太阳0.387，木星和太阳间距5.2，土星和太阳间距9.54，等等。

太阳系范围内这个"天文单位"已经足够，但是测量太阳和其他恒星间距，这个单位还是太小了。比如用这个单位描述太阳和距离太阳系最近的恒星半人马座比邻星[1]间距的话是260 000。可以看到，即便是距离太阳系最近的恒星，这个数字都已经很大了。

于是又开始采用更大的计量单位如"光年"，"秒差距"，等等。

光年，名副其实是光在1年内所经过的路程。这可能很难想象究竟多

[1]　此恒星是一颗微红色的白矮星，和人马座 α 星并列。——译者注

大，但是只需要想一想光从太阳到地球只需要8分钟就知道这个单位究竟多大了，一光年和地球半径的比值等于一年和8分钟的比值。若用km来描述光年，则一光年等于9 460 000 000 000千米即约95 000亿km。

除了光年，天文学家更喜欢"秒差距"这一单位。其定义为：站在某处看地球，地球轨道半径的角直径为1秒，则此时地球与该位置间距为1秒差距。天文学家将从某星球看到地球轨道半径的角直径叫作"周年视差"，然后将"秒"和"视差"组合起来便形成了"秒差距"。

人马座 α 星附近的比邻星视差为0.76秒，由于其秒差距为视差的倒数（因为距离和视差成反比），则其距离地球 $\frac{1}{0.76}$ 也就是1.31秒差距。

根据几何学我们可以计算出光年、"天文单位"以及千米之间的关系：

1秒差距=3.26光年=206 265天文单位=30 800 000 000 000km

下表为用秒差距来描述几颗恒星和地球之间的距离。

天体	秒差距	光年
人马座 α 星	1.31	4.3
天狼星	2.67	8.7
南河三	3.39	10.4
河鼓二	4.67	15.2

这些恒星都是相对而言距离较近的，当然如果你想用千米去描述它们和地球到底有多近，就用第一个数字乘以30然后在后边加上12个0，即是用千米来描述间距的结果了。当然，宇宙之大难以想象，光年和秒差距也并不是描述距离的最大单位，若要描述恒星系统的距离和大小，也就是描述由几千万颗恒星组成的宇宙时，则需要用更大的长度单位。这个单位和秒差距之间的关系类似km和m，名为"千秒差距"，其等于1 000秒差距或者308 000 000亿km。用这个单位描述银河系直径则为30，描述地球到仙女座星云间距则为205。

然而很多时候这个千秒差距仍然不够大，这就需要用到"百万秒差距"了，于是：

1百万秒差距=1 000 000秒差距

1千秒差距=1 000秒差距

1秒差距=206 265天文单位

1天文单位=149 500 000 km

这百万秒差距的大小根本无法想象，就算按照1000 m缩小到0.05 mm也就是1根头发丝的直径，我们也无法想想百万秒差距，此时的百万秒差距相当于15 000亿千米，仍然是日地距离的10 000倍。

现在我们用一个并无法实现的例子来说明百万秒差距究竟有多大。若一根蜘蛛丝从莫斯科拉到圣彼得堡，则其质量约为10 g；从地球拉到月球，则其质量约为8 kg；但若是蜘蛛丝有1秒差距那样长，其质量将约为600 000 000 000 t。

18. 最近的恒星系统

半人马座 α 星

比邻星

图 82　离太阳最近的恒星：半人马座 α 星中的 A 和 B、比邻星

很久之前人们就得知距离我们最近的恒星南天一等星人马座 α 星是双星，但是在最近人们又得知了它的一些其他细节：人们在其附近找到了一颗11等星。虽然该11等星距离另外两星的视距离大于2°，但是它们的运动颇为一致，都以相同速度向某方向运动，所以我们依然认为人马座 α 星确实是一个三合星。

最后发现的这个成员是在三颗星中距离地球最近的一颗，其比其他两颗到地球的间距短2 400天文单位。其视差分别为：

人马座 α 星 A、B：0.755

比邻星：0.762

A、B 两星间距相对较小，只有34天文单位，不过这个间距还是要比太阳到海王星的间距大一些。于是，整个的三合星形状变得很奇特（如图82），比邻星到 A、B 两星的距离是13 "光日"，也就是13个光在一天内走过的路程。

这三颗星的相对位置同样在不断变动，因为A、B两颗星绕着三星的共同重心旋转一周只需要79年，而比邻星绕着三星共同重心旋转一周却需要100 000多年。这也就意味着，比邻星在很长很长一段时间内仍然是距离地球最近的恒星而不至于被A、B取代。

如图83，人马座α星中，A星直径、亮度和质量都要稍大于太阳，而B星的直径比太阳约大$\frac{1}{5}$，质量比太阳稍小，亮度也只有太阳的$\frac{1}{3}$，这也就是说它的表面温度（4 400℃）也要比太阳（6 000℃）低。

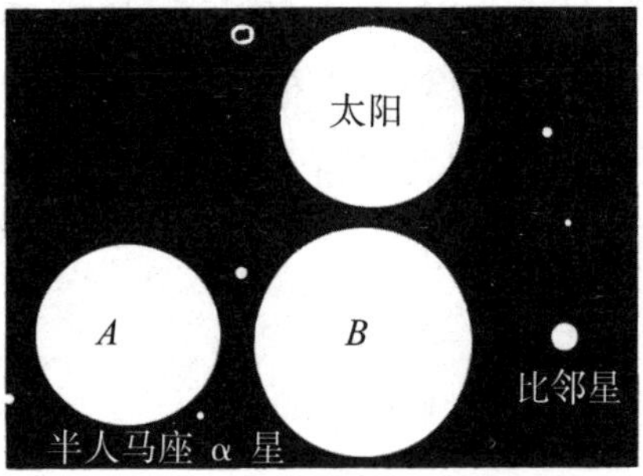

比邻星的温度还要更低些，表面温度只有3 000℃，颜色呈现出红色，直径只有太阳的$\frac{1}{14}$。这个大小

图83　半人马座 α 星中的三颗星和太阳的大小比较

介于木星和土星中间，然而质量却是木星和土星的几百倍。现在若我们来到人马座α星的A星，我们将看到和天王星上看到的太阳同样大小的B星以及一颗非常暗非常小的比邻星，其和A、B两星的距离大约是冥王星和太阳间距的60倍，是木星和太阳间距的240倍。

除了人马座α星之外距离太阳最近的恒星为蛇夫座的"飞星"，其运动速度非常快，星等为9.5等。"飞星"到太阳间距约是人马座α星到太阳间距的1.5倍，可以算是北天中距离太阳最近的恒星了。其运动方向和太阳的运动方向有倾角，速度快，甚至在10 000年之内能够两次逼近地球。于是，其在最接近地球时和地球间距要比人马座α星还要近一些。

19. 依旧无法想象

现在我们将视角回到前文中我们自己构建的"太阳系"，并且看一看，如果将恒星世界囊括进去，会出现什么情况。依稀记得，在构建的"太阳系"中，太阳被一只10 cm直径的网球代替，整个"太阳系"也是一个800 m直径的圆。那么，如果根据这样的比例尺将恒星一一画出，那将如何？

根据这个比例尺，我们可以很容易地求出，在我们构建的"宇宙"中，和太阳间距最短的比邻星距太阳也有2600 km，而天狼星则是距太阳5 600km，河鼓二9 300 km。这个数字很大，于是我们采用一个新的单位"kkm"，1kkm=1 000 km。如果按照这个方式，那么比邻星便距太阳2.6 kkm，天狼星距太阳5.6 kkm，河鼓二距太阳9.3 kkm。

除此之外，还有更远的：

织女星22 kkm

大角28 kkm

五车二32 kkm

轩辕十四62 kkm

天鹅座天津四320 kkm

实际中，就算是地月距离也到不了320 kkm，可见在我们构建的"宇宙"中，天津四距离我们实在是太远了。由此可见，如果想要在这个比例尺的"宇宙"中标记出其他恒星，需要将整个模型拓展到地球之外才能做到。

但是，320 kkm这个数字还远远不是尽头。银河系中距离太阳最远的恒星在构建的"宇宙"中距离太阳30 000 kkm，这个距离已经是实际地月间距的100倍了，但是银河系也只不过是宇宙的一小部分而已，这样的星系有无数个，比如能够用肉眼看到的仙女座星云以及麦哲伦云。小麦哲伦云在构建"宇宙"中直径400 kkm，大麦哲伦云在构建的"宇宙"中直径5 500 kkm，这二者距离银河系都有70 000 kkm。更有甚者，仙女座星云就连直径都达到了60 000 kkm，距离银河系500 000 kkm。这个距离放到实际中，已经是木星到地球的间距了。

到目前为止，我们发现的最远天体为一些"河外星云"，是距离银河系非常远的恒星集合，其和太阳的距离大约是600 000 000光年。

读者可以按照比例尺计算一下，如果要将其标记在构建"宇宙"中，其和太阳的距离是多少。如果这么做了，你也许就多少理解一些现代天文学所能观测到的范围了。

第五章

万有引力

1. 垂直开火

若从赤道上的一门大炮垂直向上发射一颗炮弹，它会落在哪里？

这个问题曾出现在一本杂志中，当时题目中的炮弹处于理想状态，初速度8 000 m/s，之后在70分钟后到达最高点，此时炮弹距离地球6 000 km。书中是这么说的：

由于炮弹从赤道处发射，其应当具有和地球相同的自转速度即465 m/s。开始时，其在水平方向上和地球保持相对静止，但是当其高度过高的时候，由于和地表的距离增加，导致其圆周运动的半径变大，轨道变长，但是其绕地球运动的分速度还是不变的，以至于它很快便会被地面上的炮台"超过"，炮弹降落时也是同理。于是，炮弹在这上升下降的70分钟内应该是相对炮台向西运动，应当落在炮台西侧4 000 km左右的地方。如果想要炮弹仍然回到炮台，就得使发射轨迹倾斜，这个倾斜角大约是5°。

佛兰玛理翁的看法和这本书中不同，他在《天文学》一书中写道：

若从大炮中将炮弹垂直向上射出，炮弹定会回到炮口。炮弹上升过程中，其从地球处获得的分速度并不会改变，其两种速度也互不影响，向上运动1 km的同时也向东运动了6 km。其在空间中的运动大概是一个以1 km和6 km为边的平行四边形对角线。当炮弹下落时，其又再次沿另一对角线运动（当然，其两次运动的真实路径应当是曲线，因为有重力作用），于是炮弹落到地面时刚好会回到炮口。

诚然，这样的实验进行起来太难了，这种精确到足以完全垂直放置的大炮很难找。曾经在17世纪，吉梅尔森和蒲圻就做过这样的实验，然而发射出去的炮弹根本找不到了。看图84，这幅图被印在瓦里尼昂《引力新论》（1690）的封面上，图中画出了一个僧人和一个军人，他们正站在大炮两边抬头看天，似乎在观察发射出去的炮弹。图上有一行法文，意思大概是"它还回落回来吗？"。当然，这两位便是梅吉尔森和蒲圻了，这个实验他们做了很多次，但是都因为瞄得不是很准导致了失败。然而二人却认为炮弹停在了空中。瓦力尼昂曾经惊叹："炮弹居然会停在我们头顶，真是不可思议！"

图84　垂直上射的炮弹

不过之后在斯特拉斯堡做这个实验的时候炮弹却落在了距离大炮几百米的地方。这足以证明炮弹并没有挂在天上，并且炮弹没有落回炮管的原因也是由于炮管并非真正的垂直。

上边提到的两个观点是截然相反的，一个说会落在西边，一个说会回到炮管，那么到底谁是对的呢？

其实这两种结果都不太正确，不过佛兰玛理翁说的距离正确要近一些，炮弹确实不会落回炮管，也并非会落在西侧4 000 km那么远的地方，而是稍微偏西一点点。

不过，我们虽然给出了正确答案，但是这个结果并无法用基本的数学计算出来[1]。我们现在只能列出最终的结果。

设炮弹初速度v，地球自转角速度ω，重力加速度g，炮弹落地时和炮管的间距x。那么有以下公式：

[1]　得出这一结果需要很特殊的精密计算，不过多赘述。——译者注

赤道处 $\qquad x = \dfrac{4}{3}\omega\dfrac{v^3}{g^2}$ $\qquad$ （1）

纬度φ 处 $\qquad x = \dfrac{4}{3}\omega\dfrac{v^3}{g^2}\cos\varphi$ $\qquad$ （2）

此时根据第一个问题中数据，可得：

$$\omega = \frac{2\pi}{86164}$$

$$v = 8\,000\,m/s$$

$$g = 9.8\,m/s^2$$

于是求解得x=50 km，这个第一位作家所说4 000 km相差实在太大了。

之后我们再去解佛兰玛理翁的问题。他所说的位置并非赤道，而是在北纬48° 左右，并且炮弹初速度300m/s。于是我们可以得出：

$$\omega = \frac{2\pi}{86164}$$

$$v = 300\,m/s$$

$$g = 9.8\,m/s^2$$

$$\varphi = 48°$$

于是可求得x=1.7 m。炮弹会落在距离炮管1.7米的地方，而并非落回到炮管。

其实，气流对炮弹的偏向作用也会影响结果，不过我们并没有计算这一部分。

2. 高空重力

上一节中，我们在计算时同样没有考虑重力加速度g的变化，其实距离地面月圆，物体的重力加速度g越小，物体的重力也就越小。重力的来源是万有引力，万有引力大小和物体间距的二次幂成反比，于是其会随着两个单位间距增大而迅速减小。当然，计算万有引力时相当于地球的所有质量集中到了地心，于是计算物体间距时从地心开始算起而并非地表。那么，在6 400 km的高空，物体距离地心的距离是地球半径的2倍，此时地球的引力当为在地球表面时的$\frac{1}{4}$。

对于垂直向上发射的炮弹，其上升高度越高重力加速度g就越小，上升的总高度定然大于重力加速度不受影响的高度段。如同上节中第一位作家所说，假设炮弹初速度为8 000 m/s，若不考虑重力加速度的变化，那么可以认为它并不能够上升到6 400 km的高空，而是只会到达这个数字的一半。现在来做个验证。

设恒定重力加速度g，物体初速度v，能够达到的高度h。于是有：

$$h = \frac{v^2}{2g}$$

此时根据上文题意可知：

$$v = 8\,000\,m/s$$

$$g = 9.8\,m/s^2$$

于是可求得

$$h = \frac{8\,000^2}{2 \times 9.8} = 3\,265\,km$$

由此可见，若不考虑重力加速度g的变化，得到的结果确实约为6 400 km的一半，而如果将这个情况考虑进去，那么这颗炮弹上升的高度就会比3 265 km这个数字大一些。

当然，课本中的这个公式也并非完全不正确，起码在某个范围段内是正确的，当被计算物体的速度大于某个范围后这个公式就不适用了，毕竟在高度不算很大的时候重力加速度的变化很小，可以忽略不计。比如计算初始速度为300 m/s的炮弹所能达到的高度时是可以套用课本上的公式的。

那么，在如今航空工具所能达到的高度，重力的减小能不能被觉察到呢？到达这个高度后物体会不会明显失重呢？

1936年，飞行员弗拉基米尔·康基纳携带了不同质量的物体进行了实验，一次是将0.5 t的物体带到了11 478 m，一次是将1 t的物体带到了

12 100 m，一次是将2t的物体带到了11 295 m。那么他携带的物体所受重力会明显变化么？

看起来12 km很远，但是也不过是在6 400 km的基础上多了12 km达到了6 412 km而已，似乎物体所受重力不会有太大变化。然而事实却并非如此，下面进行一下计算并取弗拉基米尔·康基纳的第三次飞行，也就是带着2t物体带到11 295 m的那次。

此中状况下飞机到地心间距为在地面时的$\dfrac{6\,411.3}{6\,400}$倍，于是设地面重力加速度g，此处重力加速度g_1。那么我们可以得知：

$$\frac{g}{g_1} = \left(\frac{6\,400}{6\,411.3}\right)^2$$

于是其所受重力之比同样为

$$\frac{G}{G_1} = \frac{mg}{mg_1} = \left(\frac{6\,400}{6\,411.3}\right)^2$$

于是重物的"质量"应当是$\dfrac{2\,000}{\left(\dfrac{6\,411.3}{6\,400}\right)^2}$ kg。

这个分式很复杂，要求解的最简单办法就是近似值法[1]，利用这个简便算法可得，2 000 kg的物体在11.3 km的高空将失重7 kg，1 kg重的秤砣在此高度下会失重3.5 g。如果平流层飞艇位于22 km高空，其重力加速度会见效的更加可观，这时候1kg的物体将失重7 g。

尤马舍夫也曾在一次载重飞行中带着5 t重物飞到了8 919米高处，此时可以根据上边的方法进行计算，结果是这5 t重物将失重14 kg。

---

[1] 近似值法：

$$(1+a)^2 = 1 + 2a + a^2 \approx 1 + 2a$$

$$\frac{1}{1+a} = \frac{1(1-a)}{(1+a)(1-a)} = \frac{1-a}{1-a^2} \approx 1-a$$

此处 a 自然为 11.3，相比 6 400 是非常小的，于是可以用这种算法。于是：

$$2000 \div \left(1 + \frac{1.3}{6400}\right)^2 \approx 2\,000 \div \left(1 + \frac{1.3}{6\,400}\right) \approx 2\,000 \times \left(1 - \frac{1.3}{6\,400}\right) \approx 2\,000 - \frac{1.3}{1.6} \approx 2\,000 - 7$$

1936年，飞行员阿列克谢夫曾将1t重物带到12 695 m的高空，赫季科夫曾将10 t重物带到7 032 m的高空，那么，现在请有兴趣的读者计算一下，这两种情况下重物分别会失重多少。

3. 圆规下的行星轨道

要说最难理解的开普勒定律，肯定是第一条。此定律中提到，行星的公转轨迹都为椭圆形，那么既然太阳的引力恒定，在各个方向上很均匀，并且距离的增减下引力的增减也是匀速，那么为何会出现椭圆轨道呢？

这个问题其实用数学方法就能消除疑虑，但是天文学家并非全都精通数学，所以现在我们利用实验来向并非精通高等数学的读者解释这一问题，不过在此之前需要准备一些用品：一个圆规、一个直尺以及一张大纸。现在我们利用这三样东西来自己绘制缩小后的行星轨道，以此来验证开普勒的第一定律。

行星的运动受万有引力的影响，如图85。图中右边大圆为太阳，左边小圆为行星，现在设星星和太阳间距为1 000 000 km，比例尺为1:20 000 000 000，于是1 000 000 km在图中用5 cm表示。

图85中，0.5 cm的箭头表示行星所受的太阳引力并设为1个长度单位。假设行星向着太阳运动，间距缩短到900 000 km也就是图中4.5 cm的时候，其受到的太阳引力将变为原来的 $(\frac{10}{9})^2$ 即1.2倍，那么引力在图中的箭头长度将延伸到0.6cm即1.2个长度单

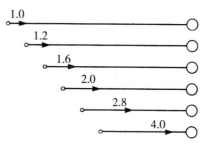

图85　太阳吸引行星的力量随着距离的减小而增大

位。假设行星继续向着太阳运动，间距缩短到800 000 km也就是图中4 cm的时候，其受到的太阳引力增加到1.6倍，箭头也变为0.8 cm即1.6个长度单位。同理，在行星距离太阳700 000 km、600 000 km、500 000 km时，表示

引力的箭头长度分别为1 cm、1.4 cm以及2 cm，即2、2.8、4个长度单位。

由于行星单位时间内的位移和其所受的引力成正比（设位移S，引力F，时间t，则有公式$S = \frac{1}{2} \times \frac{F}{m} \times t^2$），于是我们可以将这些箭头看作单位时间内行星的位移。

此刻来绘制围绕太阳运转的行星轨道。设某行星质量等于图85中行星的质量并且围绕太阳运转，速度为"1 cm"，也就是两个长度单位。那么如图86，此行星到达K点，距离太阳800 000 km，其受到的引力将让它和太阳的间距缩短1.6单位长度，又由于行星将会在圆周上运动2个单位长度，则此时其运动方向将为KP，对角线长度3个单位。

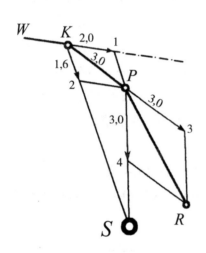

图86　太阳 S 是如何使行星前进的路线 *WKPR* 发生弯曲的

行星到达P点后，行星的即时速度方向变为KP方向，并且速度为3单位。由于受到太阳的引力，其和太阳间距为SP，行星将沿SP方向运动3单位，于是行星的轨迹便为PR。

由于图86比例尺太大，导致再画下去有些失真，不过比例尺越小，画出的行星轨道越大，行星在各时段内的运动轨迹连接也就显得越平滑，越接近真实轨道。图87种就是比例尺较小的情况，图中的行星和我们上边的这个行星质量相仿。

可以很明显地看出。太阳的引力将这颗星脱离了原本的轨迹，使它沿着P Ⅰ Ⅱ Ⅲ Ⅳ Ⅴ Ⅵ曲线运动。由于比例尺小，图像并不是很尖锐，可以将其用曲线连起。那么，这样的曲线是一条什么曲线？

利用几何学可以解决这个问题，用一张透明的纸盖住图87，之后从曲线轨迹上随意选出6个点并且将其用直线连接如图88。这样一来，轨道就被简化成了一个某些边相交的六边形。现在将直线12以及直线45延长，交点设为Ⅰ；将直线23以及直线56延长，交点设为Ⅱ；将直线34以及直线16

延长，交点设为Ⅲ。此刻，若我们所求的直线为某种圆锥曲线（椭圆、双曲线或者抛物线），则点Ⅰ、Ⅱ、Ⅲ将位于同一条直线上，这个六边形在几何学中叫作"帕斯卡六边形"。当我们画出精细图的时候，我们将得到位于同一线上的点Ⅰ、点Ⅱ以及点Ⅲ，于是证明我们画的精细曲线为圆锥曲线。

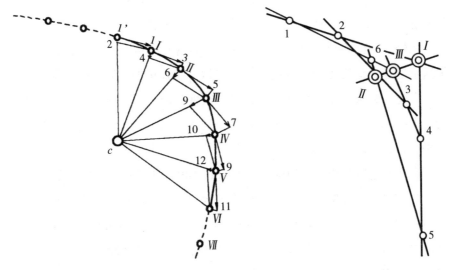

图87　太阳 *C* 使行星 *P* 偏离原来的直线路径而走成了曲线

图88　天体要走圆锥曲线的几何学证据

这种方法还能解释行星运动的面积定律。观察本书图21，图中12个点将椭圆分成了12个区域，每一段曲线长度各不相同，但是需要消耗的时间相同。那么若将各点和太阳连接，再将各相邻点用弧线相连，将得到12个近似三角形，之后用求三角形面积的方法去求面积可以得到这些近似三角形面积相同，于是我们验证了开普勒第二定律：

相同时间间隔内，行星向量半径经过的面积相等。

这一小节的内容能够帮助我们理解开普勒第一以及第二定律。当然，如果想理解第三定律，则需要一些计算。

4. 冲向太阳

如果地球某天因为种种原因停止了公转，会出现什么后果？

由于地球本身是个运动物体，其公转的运动速度甚至快过子弹，于是我们能够想到的是，在它停止公转后，大量动能将转化为热能，从而引发剧烈燃烧，瞬间将整个世界化作气体云。就算地球能够在停止公转后防止了这一厄运，最终也还是难逃燃烧，因为它在公转停止后将因太阳引力的缘故以越来越大并最终大到不可思议的速度撞向太阳。第一秒内，地球只会向太阳靠近3 mm，但是每一秒地球的速度都会迅速增大，到最后甚至将以600 km/s的速度撞上太阳。

那么问题自然出现，地球冲向太阳的过程总共需要多长时间呢？

解决这个问题需要用到开普勒第三定律，此定律适用于受万有引力作用的一切天体，并将行星的公转周期与其和太阳的间距相联系，即：行星公转周期的二次幂与其公转轨道半长轴的三次幂的比值为常数。

我们将冲向太阳的地球视作轨道极其扁长的彗星，轨道的两个端点分别位于地球和太阳中心。于是，彗星轨道的半长轴将是地球轨道半长轴的一半，那么我们可以写出公式：

$$\frac{(\text{地球公转周期})^2}{(\text{彗星公转周期})^2} = \frac{(\text{地球轨道半长轴长})^3}{(\text{彗星轨道半长轴长})^3}$$

根据实际情况我们可知地球绕日周期为365天，设地球轨道半长轴长1，则彗星轨道半长轴长0.5，那么：

$$\frac{(365)^2}{(\text{彗星公转周期})^2} = \frac{1}{(0.5)^3}$$

于是我们可以求得彗星的公转周期为$\frac{365}{\sqrt{8}}$。当然，这个彗星并非真正的彗星，我们所要的也不是整个公转周期，而是公转周期的一半。毕竟地球冲向太阳是只有单程的，于是我们可知$\frac{365}{\sqrt{8}} \div 2 = \frac{365}{5.6}$，即约为64天。

　　于是答案也就呼之欲出了，当地球突然停止公转，则会在两个多月的时间内撞击太阳。

　　从这个问题的解答思路我们发现，开普勒第三定律适用于任何行星甚至卫星，于是如果想知道当某公转天体停止公转会有多久撞到其中心天体，只需要将其公转周期除以5.6即可。于是，若天体停止公转，公转周期仅为88天的水星将会在15天半的时间内撞上太阳，公转周期为165年的海王星将在29.5年内撞上太阳，而冥王星则需要44年。

　　当然，月亮的公转周期为27.3天，于是月亮停止公转后将在5天左右的时间内撞向地球，不光如此，若不计太阳的影响，距离地球和地月间距相仿的，初速度为0的天体都将在5天内撞上地球。

　　除了天体，我们甚至能够得知凡尔纳小说《炮弹奔月记》中炮弹撞向月球所用的时间。

5. 赫菲斯托斯的铁砧

　　古希腊曾经有过一个传说，说是锻冶之神赫菲斯托斯曾经扔下一个铁砧，铁砧过了整整9天才落到地面上。古代人由此认为，神居住的天堂非常高，毕竟铁砧从金字塔上掉下也仅需要5分钟而已。

　　但是经过计算不难发现，其实古希腊人所谓的"天堂"其实距离地球并不远。

　　月球落到地球上需要5天，而铁砧需要9天，那么铁砧所在位置定然比月球远。此时铁砧绕地球一周的时间为 $\sqrt{32} \times 9 = 51$ 天，那么根据开普勒第三定律可知：

$$\frac{(\text{月球公转周期})^2}{(\text{铁砧公转周期})^2} = \frac{(\text{月球到地球距离})^3}{(\text{铁砧到地球距离})^3}$$

代入我们已知的数字可得：

$$\frac{27.3^2}{51^2} = \frac{380\,000^3}{(\text{铁砧到地球距离})^3}$$

根据这个公式，我们可求得铁砧到地球的距离：

$$铁砧到地球的距离 = \sqrt[3]{\frac{51^2 \times 380\,000^3}{27.3^2}} = 380\,000\sqrt[3]{\frac{51^2}{27.3^2}}$$

这个数字约是580 000 km。

从这个数字可以看出，对现代天文学来说，古希腊的天地间隔是在太短了，仅仅是地月间距的1.5倍左右，古希腊人认为的宇宙终点，只不过是现代天文学的起点。

6. 太阳系边界

用开普勒第三定律可以计算以彗星轨道远端为太阳系边界时此边界的位置。前边的章节中我们曾经提起过这一点，并且在第三章中谈到一颗公转周期最长的彗星。现在我们便可以利用公式来求出这个彗星的最远距离。

现在已知彗星公转周期为776年，到太阳的最短距离1 800 000 km；地球公转周期1年，到太阳的距离150 000 000 km，于是设彗星的最远距离x，可得出公式：

$$\frac{776^2}{1^2} = \frac{[\frac{1}{2}(x+1\,800\,000)]^3}{150\,000\,000^3}$$

$$x+1\,800\,000 = 2 \times 150\,000\,000\sqrt[3]{776^2}$$

于是求得x=25 330 000 000 km。

这个彗星最远距离是日地间距的181倍，是冥王星到太阳间距的4.5倍。

7. 凡尔纳的错误

在凡尔纳的小说中有一颗名叫哈利亚的彗星，其公转周期为两个地球年，远日点距离太阳820 000 000 km。我们虽然不知道它的近日点到太阳的距离，但是根据开普勒定律来看，根本不存在符合上述条件的行星。

现在设单位为"百万千米"，于是该彗星近日点和太阳间距 x，其轨道半长轴长 $\dfrac{820+x}{2}$。根据已知条件，日地间距为150，于是得出公式：

$$\frac{2^2}{1^2}=\frac{(x+820)^3}{2^3\times150^3}$$

根据这个公式求得：$x=-343$

可见，若彗星数据真的如凡尔纳所说，则其和太阳的最近间距就为负数，这显然不可能。换句话说，公转周期如此短的彗星并不会距离太阳很远。

8. 如何去测量地球的重量

天文学家能够发现距离非常远的天体已经让人不可思议了，如果告诉人们他们还能"称"出地球以及其他天体的重量（图89），那就真的不可置信了。不过这确实是真的，只是用了特殊方法而已。

由于"重量"是施加在支撑物上的压力或者拉力，然而地球就在那里"放着"，没有挂在哪里，也没有压在哪里，所以所谓的"测量重量"其实是测量质量。

其实，"重量"在生活中很容易被忽略，比如说我们去买糖块时并不会在乎糖块的拉力或者压力，而只会

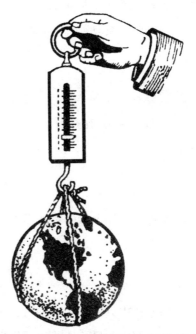

图89　使用什么样的秤可以"称"地球

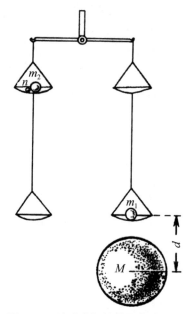

图90 一种"称"地球的方法：使用乔里天平

在乎它能够冲出多少甜水，也就是说我们关注点其实是在它的质量上。那么，地球的质量如何界定呢？

只有一种方法，就是去观察地球对物质的万有引力，因为引力和质量成正比。

图90中展现了用1871年的乔里法测量地球质量的方法。这是一个非常灵敏的乔里天平，两端各有两只没有质量（几乎没有）的小托盘，两托盘之间的距离为20~25 m。之后将某质量为m_1的球形物体放入右侧下盘中。此时天平定然不会平衡，若想使其平衡，则须在左侧上盘中放入一质量为m_2的小球。由于两个小球高低相差20~25 m，导致其质量并不会相等。

此时若在右侧小盘底部放一足够大的铅球M，则天平将由于M对m_1的引力而倾斜。此时设M与m_1相距d，引力常数k，根据万有引力定律，则有：

$$F = k\frac{m_1 M}{d^2}$$

若要是天平平衡，我们须在左侧上盘放入一小球n。此时小球n对盘的压力等于其重力，于是设其对盘压力N，地球质量M_e，地球半径R，则有：

$$N = k\frac{n M_e}{R^2}$$

铅球对左侧上盘的物体引力过小所以忽略不计，那么：

$$F = N$$

$$\frac{m_1 M}{d^2} = \frac{n M_e}{R^2}$$

由于式中只有M_e为未知数，于是可求得地球质量M_e。

经过多次测量，地球的质量为5.974×10^{24} kg，大约是6×10^{21} t。这种方法误差是有的，但是并不会大于0.1%。

根据上边的介绍，我们可以说，天文学家"称"过了地球，因为天平在测量重量的时候只是测定的质量而已，只不过是我们让物体的质量去和砝码的质量相等罢了。

9. 地球核心

某些文章中认为，只需要测定某单位体积内地球物质的平均质量，进而乘上地球体积，就得出了地球的质量。但是这种方法并无法准确得出地球的质量，因为我们选取的某单位体积的地球物质只不过是很浅的外壳[1]，但是深层的地球究竟如何我们却一概不知。

其实这个方法是反着来的，想要知道地球的平均密度或者说地球在每单位体积上的质量，必须要知道地球的总质量。现在我们知道的是地球的平均密度为5.5g/cm³，这个密度要比地壳的平均密度要大得多，于是我们可以知道地球的核心处有密度非常大的物质。根据某些数据可知，其实地球的中心是由铁元素构成。

10. 太阳和月球的质量

相比距离地球较近的月球，太阳的质量反而更容易求，这真是个奇怪的事。

实验证明1 g的某物体对另一个相距1cm的物体引力为 $\frac{1}{15\,000\,000}$ dyn[2]。那么，设两个物体质量分别为M、m，相距D，相互引力为F。于是：

---

[1] 地壳的矿物探查只到达了地下 25 km，矿物学中所探究过的地球不过是 $\frac{1}{85}$ 而已。——译者注

[2] 达因 dyn，力的单位，能够使 1 g 物体产生 1 cm/s² 加速度的力为 1 达因。——译者注

$$F = \frac{1}{15\,000\,000} \times \frac{Mm}{D^2}$$

根据实际情况，用克来描述太阳质量M以及地球质量m，日地间距 $150\,000\,000$ km，于是其相互引力为$\frac{1}{15\,000\,000} \times \frac{Mm}{15\,000\,000\,000\,000^2}$ dyn。

这个力为地球公转向心力，在力学中等于$\frac{Mv^2}{R}$，根据已知条件得， $R=D$，$v=3\,000\,000$ cm/s，于是根据

$$\frac{1}{15\,000\,000} \times \frac{Mm}{D^2} = \frac{Mv^2}{R}$$

可列出等式：

$$\frac{1}{15\,000\,000} \times \frac{Mm}{D^2} = \frac{3\,000\,000^2 m}{D}$$

求得$M=2 \times 10^{33}$g$=2 \times 10^{27}$t。

除了这种办法，将开普勒第三定律和万有引力定律结合同样能够求出太阳质量。

设太阳质量M_s，行星质量m，行星绕日恒星周期[1]T，行星和太阳间距平均值a，公式如下：

$$\frac{(M_s + m_1)}{(M_s + m_2)} = \frac{T_1^2}{T^2} = \frac{a_1^3}{a_2^3}$$

将此法运用到地月系则有：

$$\frac{(M_s + M_e)}{(M_e + m_m)} = \frac{T_e^2}{T_m^2} = \frac{a_e^3}{a_m^3}$$

由于地球质量M_e相比太阳质量M_s太过渺小，月球质量m_m相比于地球质量M_e也太过渺小，于是我们可将分子中的M_e以及分母中的m_m忽略，于是我们得到了一个等式：

$$\frac{M_s}{M_e} = 330\,000$$

---

[1] 恒星周期指在太阳上观察时，行星回到恒星背景上同一位置的时间，和地球上的周期有差别。——译者注

地球质量已知则可求太阳质量。当然，太阳的平均密度也是可求的，密度为地球的 $\frac{1}{4}$。

但是，月球的质量就不是那么容易求了，因为月球没有卫星。某位天文学家曾说："虽然月球是距离地球最近的天体，但是想要计算月球的质量甚至要比计算海王星的质量更难。"在这里，我们介绍一种复杂的计算办法：比较太阳和月球引起的潮汐高度。

这个潮汐的高度和引起潮汐的天体质量以及距离有关，太阳的数据是一致的，那么我们就能够根据这些来得知月球的数据，用潮汐的高度来计算月球的质量。在后边关于潮汐的章节中我们还会讲到这种办法，于是现在只说一个结论：月球的质量为地球的 $\frac{1}{81}$（图91）。

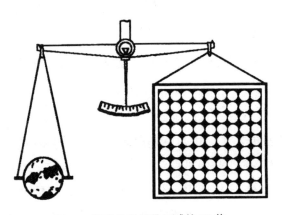

图91　地球的重量是月球的81倍

虽然这一节主要讲如何测量太阳和月球的质量，但是还是顺便提一下地球月球以及太阳的密度。月球的半径已知，于是其体积可以计算，得出结果是地球体积的 $\frac{1}{49}$，于是地球和月球的密度之比为 $\frac{49}{81} = \frac{3}{5} = 3:5$。由此可见，地球物质平均起来要比月球稀松一些，比太阳密实一些。

11. 行星和恒星的质量以及密度

我们能够用"称"太阳的方法去"称"任何有卫星的行星质量。

得知卫星的运行速度v以及其轨道平均半径D可以求出其向心力$\dfrac{mv^2}{D}$

以及行星和卫星的引力$\dfrac{kmM}{D^2}$。由于向心力约等于引力，则可知：

$$\frac{mv^2}{D} = \frac{kmM}{D^2}$$

解得：

$$M = \frac{Dv^2}{k}$$

求出了行星的质量。

当然，除了这种方法，开普勒第三定律同样可以使用，公式为：

$$\frac{M_s + M_{行星}}{M_{行星} + m_{卫星}} \times \frac{T_{行星}{}^2}{T_{卫星}{}^2} = \frac{a_{行星}{}^2}{a_{卫星}{}^2}$$

因为质量差距太大，我们可将等式左边分子上的$M_{行星}$以及等式左边分母上的$m_{卫星}$忽略，于是便可得到M_s和$M_{行星}$的比例，就能够求出行星质量了。这种方法对双星同样适用，不过求出的结果是双星的质量和。

当然，求卫星的质量、非常小的小行星或者没有卫星的行星质量就困难许多。比如没有卫星的水星和金星，其质量就无法运用这种办法来求，只能依靠其间相互的、对地球的以及对某些彗星连动所造成的干扰来进行计算，这种方法，听着就很麻烦。

小行星质量很小，彼此之间也没有什么干扰，我们可以猜测其总质量，但是不一定对就是了。

下表为行星的平均密度：

地球的密度 =1			
行星	平均密度	行星	平均密度
水星	1.00	木星	0.24
金星	0.92	土星	0.13
地球	1.00	天王星	0.23
火星	0.74	海王星	0.22

我们可以看出在太阳系中，地球和水星的平均密度名列前茅，由于大行星外层有非常厚的大气，这些大气质量小体积大，导致大行星平均密度减小。

12. 月球和行星上的重力

如果不太懂天文学，若科学家准确说出并没有去过的行星上的重力加速度时肯定会非常的惊讶，但是这并不需要惊讶，因为某个物体到达另一天体后的重力很容易求，只需要其目前所在天体的质量和半径。

以月球为例，月球质量为地球的 $\frac{1}{81}$，那么若地球体积不变质量和月球等大时引力将会缩小到 $\frac{1}{81}$。由于月球半径和地球半径之比为 27:100，于是月球表面的引力为地球表面引力的 $(\frac{27}{100})^2$ 倍，于是两个因素综合考虑，我们可知月球上的重力加速度为地球上的

$$\frac{100^2}{27^2 \times 81} \approx \frac{1}{6}$$

于是，月球上测量出来的物体"质量"要比地球上小 $\frac{5}{6}$。但是，物体的质量在一般情况下是不变的，这里指的是如果在月球上测量，得出的结果要比地球上小 $\frac{5}{6}$。并且，天平上是察觉不出来这样的变化的，只有弹簧秤可以。

但是，如果月球上有水，在水中游泳的人并不会感觉到和地球的不同

之处，体重虽然小了，但是排开的水重力也小了，比例和地球上并没什么区别。于是，对游泳来说，地球和月球是没什么差别的，但上浮的时候除外。在月球出水时会更容易一些，身体重力减小了，出水需要的力气自然变小了。

下表为行星重力和地球重力的比值。

行星	比值	行星	比值
水星	0.26	金星	0.90
地球	1.00	火星	0.37
土星	1.13	天王星	0.84
海王星	1.14	木星	2.64

从表中可以看出地球的重力位于第四位（图92）。

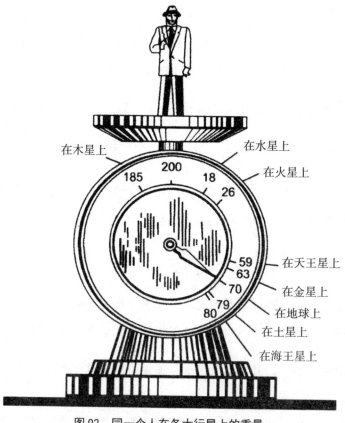

图92　同一个人在各大行星上的重量

13. 最大重力

在本书第四章，我们提到了重力加速度极大的白矮星天狼B。这类天体密度极大，半径虽然小但是质量很大，于是重力非常明显。现在我们以仙后座中的某白矮星为例来研究一下。已知此星质量为太阳的2.8倍，太阳质量为地球的330 000倍，此星半径为地球的0.5倍，于是我们可以得知此星表面重力为地球表面重力的

$$2.8 \times 330\,000 \times 2^2 = 3\,700\,000 倍$$

这也就是说，在地面1 cm³的水测量出的"质量"为1 g，但是在这颗白矮星上测量出的"质量"却为133 200 000 000 000 g，手指大小的一丁点物质居然能有这么大的重力，真的非常难以想象。

14. 行星内部的重力

若将物体放在行星内部非常深的地方，物体的重力加速度会如何变化？

和大多数人的观点相悖，重力加速度变大这一说法并不正确，重力加速度越接近行星中心越小。现在我们简单叙述一下原因。

力学方面已经证实，若如图93那样将物体分别放在均匀空心球中，则这个物体并不会受力。那么也就是说，均匀实心球中的物体受到的引力只来自以这个物体所在处到球心的距离为半径的这一小球体（如图94）。于是我们很容易就能知道物体越靠近行星中心受力越小的原因。

现在设行星半径R，物体到行星中心间距r（图95）。现在物体在距中心r的位置处由于距离的缩短导致受到的引力增加到$(\frac{R}{r})^2$，但是又会因施加引力的部分减小导致引力减小到$\dfrac{1}{(\frac{R}{r})^3}$，于是总体来说引力将

减小 $(\frac{R}{r})^2 \times \dfrac{1}{(\dfrac{R}{r})^3} = \dfrac{r}{R}$ 。

  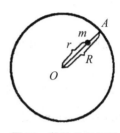

图 93　空心球内部的　　图 94　行星内部的物　　图 95　物体的重量随
物体不受空心球引力　　体的重量，只跟斜线　　着距离行星中心的远
作用　　部分的物质有关　　近而发生变化

　　这个式子说明行星内部的重力加速度和行星表面的重力加速度的比值和行星半径以及测试点到行星中心距离的比值相等。以半径同为 6 400 km 的某星球为例，若某物体位于距离球心 3 200 km 的地方，其受到的重力将是在星球表面时的 $\dfrac{1}{2}$ 倍，位于距离球心 800 km 时受到的重力将是在星球表面时的 $\dfrac{1}{8}$ 倍，位于球心时，其受到的重力将消失不见。

　　只需要思考就能知道为什么会这样，因为在地心的物体将受到来自四面八方的相同引力，合力自然为0。当然，这些计算的前提是目标行星密度均匀，如果不均匀就需要进行一些处理修正一下才行。地球深处的密度大于地球表面，以至于引力在刚开始接近地心时慢慢增加，之后达到某个点后才会慢慢减小。

15. 轮船

　　有月亮的夜晚和没月亮的夜晚，轮船何时较轻些？

　　这个问题简单想来应当是有月亮的夜晚轮船更轻，因为月亮在吸引着轮船。然而仔细再一想，这个答案又不是那么对了，毕竟月球的引力同样会施加给地球，轮船和地球从月球得到的加速度相同，轮船的重力加速度减小并无法察觉。但是，答案确实是有月亮的夜晚轮船更轻一些，那么既然不是月球引力所致，那么这种现象的出现又是什么原因呢？

现在来做个解释。

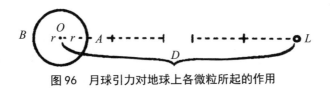

图96　月球引力对地球上各微粒所起的作用

观察图96，设万有引力常量 $k = \dfrac{1}{15\,000\,000}$ dyn，地球中心O，分别位于地球两边的轮船A和B质量为m，地球半径r，月心和地心间距D，月球质量M。现在假设A、B、L位于同一直线，此时月球对A的引力大小为 $\dfrac{kmM}{(D-r)^2}$，对B的引力大小为 $\dfrac{kmM}{(D+r)^2}$。

这两个引力之差为 $\dfrac{4rkmM}{D^3\left[1-\left(\dfrac{r}{D}\right)^2\right]^2}$。

由于 $\left(\dfrac{r}{D}\right)^2 = \dfrac{1}{360}$，并不是很大的数字，于是将其忽略，引力之差化简为 $\dfrac{4rkmM}{D^3}$，进一步变形可得 $\dfrac{4rkmM}{D^3} = \dfrac{kmM}{D^2} \times \dfrac{4r}{D} = \dfrac{kmM}{D^2} \times \dfrac{1}{15}$。此时 $\dfrac{kmM}{D^2}$ 为轮船和月球中心间距D时的引力，且轮船在月面的重力为 $\dfrac{m}{6}$。于是，当轮船和地球间距为D时其受引力为 $\dfrac{m}{6D^2}$。根据已知条件，D约是220个地球半径，于是：

$$\frac{kmM}{D^2} = \frac{m}{6 \times 220^2} \approx \frac{m}{300\,000}$$

于是引力差为

$$\frac{kmM}{D^2} \times \frac{1}{15} \approx \frac{m}{300\,000} \times \frac{1}{15} = \frac{m}{4\,500\,000}$$

于是若轮船质量45 000 t，那么在有无月亮的时候重量差约为10 gN（g为重力加速度）。

16. 潮汐

上一节的情况同样适用于潮汐的形成，不过潮汐并非是月球或太阳直接吸引水造成的，而是远离月球和接近月球的水面引力差造成的。应用刚刚提到的方法可以算出引力差，接近月亮的1 kg水是假设位于地心的1 kg水受到的引力的 $\dfrac{2kMr}{D^2}$ 倍，位于地心的1 kg水受到的引力又是远离月球的1 kg水收到的引力的 $\dfrac{2kMr}{D^2}$ 倍。于是接近或者远离月球的水都将有离开地球表面，因为一边是水的移动距离大于地球的移动距离，一边是水的移动距离小于地球的移动距离[1]。

既然月球对水有引力，太阳自然也有，那么二者相比谁的作用更大一些呢？如果只看绝对的引力，自然是太阳比较大：现在设太阳质量 M_s，地球质量 M_e，月球质量 M_m，日地间距 S_1，地月间距 S_2，地球受到的太阳引力 F_s，地球受到的月球引力 F_m，于是有 $\dfrac{M_s}{M_e} = 330\,000$，$\dfrac{M_e}{M_m} = 81$，$\dfrac{S_1}{S_2} = \dfrac{23\,400}{60}$。于是有：

$$\frac{F_s}{F_m} = \frac{330\,000 \times 81 \times 60^2}{23\,400^2} \approx 170 。$$

然而，根据这一点认为太阳引起的潮汐要比月亮引起的潮汐高，就大错特错了，事实上，月亮引起的潮汐要比太阳引起的潮汐大。我们可以列出式子：

---

[1] 这个原因是潮汐出现的基本原因，不过真正的原因还有很多，并且非常复杂。——译者注

$$\frac{2kMr}{S_1^3} \div \frac{2kMr}{S_2^3} = \frac{M_s}{M_m} \times \frac{S_2^3}{S_1^3}$$

根据上文可知，$\frac{S_1}{S_2} \approx 400$，于是我们可以将数值代入：

$$\frac{M_s}{M_m} \times \frac{S_1^3}{S_2^3} = 330\,000 \times 81 \times \frac{1}{400^3} = 0.42$$

太阳引起的潮汐高度不过是月球引起的潮汐高度的0.42倍。

前边章节中我们提到了测定太阳或月球的质量，并且提到月球的质量需要根据潮汐来测量。那么现在我们来讨论一下如何通过月潮和日潮来推算月球质量。

由于太阳和月亮总是同时生效，我们单独观察月潮和日潮并无法实现，但是我们可以在太阳和月亮作用重叠时也就是地球、月亮和太阳在一条直线上时测量潮水的高度以及太阳和月亮作用抵消时潮水的高度。结果显示，第二情况时的潮高度是第一情况时的0.42倍。于是，设太阳引潮力x，月亮引潮力y，则有：

$$\frac{y+x}{y-x} = \frac{100}{42}$$

求得$\frac{x}{y} = \frac{29}{71}$。再根据前边的$\frac{2kMr}{S_1^3} \div \frac{2kMr}{S_2^3} = \frac{M_s}{M_m} \times \frac{S_2^3}{S_1^3}$可知，

$$\frac{M_s}{M_m} \times \frac{S_2^3}{S_1^3} = \frac{71}{29}$$

由于$\frac{M_s}{M_e} = 330\,000$，则可求得$\frac{M_e}{M_m} = 80$。事实上这个数字已经和正确答案很接近了：经过更精密的计算得出，月球的质量是地球的0.012 3倍。

17. 月球对气候的影响

既然月球对潮水有影响会产生潮汐，那么对大气以及大气压又有什么样的影响呢？

　　大气潮汐的发现者是俄国伟大的科学家罗蒙诺索夫，他将大气潮汐命名为"空气波"。对大气潮汐的研究者不在少数，然而仍然有很多错误的观点以及看法。非专业人士一般会认为月球会引起很大的大气潮汐，并且认为大气压也会明显改变，影响地球上的天气。

　　毕竟是非专业人士，他们的这种看法并不正确，理论上来说，大气潮汐高度只会比水的潮汐高度小，因为空气密度实在太小了，最底层的空气密度最大，但是仍然只有水密度的0.001倍。那么，既然空气密度这么小，为何不会被吸引到水潮汐高度的1 000倍呢？正如真空中降落速度相同的轻重物体，这件事同样使人非常困扰。

　　中学时期我们曾经做过让铅球和羽毛同时在真空管中下落的实验，实验中会发现两者下落速度是一样的。其实潮汐也不过是地球和水在引力作用下向宇宙空间"坠落"罢了，只要距离引力中心距离相同，引力相同，那么"坠落"的速度和单位时间内移动的距离都是相同的。于是大气潮汐其实和水的潮汐高度相同，进一步说，前边提到的潮汐公式中并没有出现液体的密度以及空气的密度，那么得出的结果和这两个量并无关系。

　　大海中，潮汐的高度并不会超过半米，只是在岸边会由于地形的影响而达到10米甚至更高。空气中，并没有什么地形能够影响大气潮汐，于是其高度同样不超过半米，对气压的影响也就微乎其微了。

　　拉普拉斯在研究空气潮汐后认为，此种现象引发的气压变化不大于0.6 mm汞柱，风速也不超过7.5 cm/s，这一"微小"数值并不能够对天气产生什么影响。根据这一结论，那些"月亮预言家"根据月球在天空中的位置所做的关于天气的消息就变得不可信了。